在你心

饗食之旅

田媽媽20周年特刊

目錄

發掘在地特有種
以農力帶動農遊創生

行政院農業委員會主任委員陳吉仲

這20年來，臺灣的農村風景變得不一樣。樸實的村莊，加入休閒的基因，成為國旅的新動力；在地的美食，加入食育的元素，成為延續農村文化的種子。而散布全台各地300多座休閒農場、96個休閒農業區、114家田媽媽，正是行政院農業委員會(以下簡稱農委會)以創新的品牌力，帶動在地消費，創造更多就業機會，促進產業及地方特色蓬勃發展的見證。

農村再生2.0，疫情之下活絡農村經濟

自106年來政府開始加速農業再生政策的升級，推動農村再生2.0，強調以人為本，以「在地經濟與競爭活力」、「生產環境與生活空間」、「文化襲產與知識」創新等核心軸面為執行策略，並積極協助農業人才的培育，調整生產結構，活化農地資源利用；鼓勵友善環境耕作轉型實踐環境友善，提倡生態環境與農村經濟的平衡，建立以農業為主體的創新產業，創造六級產業及生態旅遊的經濟收益，吸引人力回歸農村，目的在於「全民共創人、自然與社會和諧共榮的新農村」，打造宜居宜業宜遊的時尚農村。

2020年，對全世界來說都是很艱難的一年。但如何將危機化成轉機，是在此次疫情中學習。今年初疫情剛發生，國人消費低迷時，便政策性鼓勵業者強化場域品質及提升人員技能等。隨後在國內疫情趨緩後，配合三倍券的政策，推出「農遊券」，500萬張一開放登記就造成搶購、全數發放完畢，在國人報復性旅遊下和農遊券奏效下，農旅成為人們紓展身心、體驗台灣農業文化的踏青首選，遊客甚至比疫情之前還多！也讓國人更願意進入農村消費。

期許未來臺灣的休閒旅遊趨勢，可以朝向深度化、知識化、生活化發展，以環境永續、經營永續為前提，發展農村深度體驗，讓環境衝擊最小化、商品內涵特色化及經濟發展在地化，並透過深度解說服務，讓遊客在體驗的過程與土地、文化有更深度的連結及認同。這樣的非玩不可、非吃不可、非買不可與自然療育的在地限定服務，讓農村再地生產的產品能夠地產地消，進而活絡農村經濟，並能打造全新的臺灣農村經濟模式。

翻轉農村的力量，田媽媽品牌邁入 20 周年

行政院農業委員會輔導處處長陳俊言

翻轉農村，發掘在地特有種

休閒農業是一種以「農業」為主、結合「服務」的農企業，是一種生活產業。可以說是「發展特色旅遊，就是透過當地特色體驗、特色文化，結合美食、特殊食材，讓遊客來了覺得意猶未盡，覺得不虛此行」，讓消費者玩得安心愉快、進而產生「感動」的旅遊記憶，再透過行銷，把這種感動的旅遊記憶，「感染」給更多的人。而農委會持續 30 年的努力，就是發掘各地特色人文風景、打卡秘境、輔導休閒產業，並與旅遊業者合作，開發出各種吸睛的旅遊套裝行程。而民眾也可透過農業易遊網、旅展、甚至農遊超市，領略臺灣在地的生命力。

媽媽級的「地方創生」，打造農村軟「食」力

整合政府部門及地方能量，媽媽級的「地方創生」--「田媽媽」，可以說是農委會首創的品牌概念，也是最具在地特色的農遊體驗之一。結合當地休閒旅遊，打造在地食材，透過食材旅行，讓民眾更認識食材來源。靠山吃山、靠海吃海，從山產、海鮮、特色美食到樸實的農家媽媽味，發展出最適合自身的經營模式。

創建田媽媽品牌時，農委會希望能夠在競爭激烈的旅遊市場中，找出一條適合農村發展的路，遊客可體驗最新鮮的食材旅行、認識農村文化，並且購買農特產品，能讓農民直接受惠，擴大生產經濟價值。而從成效上來看，至今已經擁有 114 家的田媽媽，不但造就了 850 多位農村婦女的就業機會，更創造 6 億 4 千多萬元營收，為農村中青輩創造更好的舞臺，積極打造農村軟「食」力。

疫後轉彎，開啟農遊運動

行政院農業委員會輔導處休閒產業科楊欣佳科長

疫情旅遊學！讓休閒農場沉潛再出發

從新冠肺炎疫情解除的六月開始，台灣休閒農業迎來了一波又一波的人潮。全台田媽媽與特色農遊業者，也成為網路上被分享與討論最多的熱門話題。

在全台瘋國旅當中，農遊，成了一道最亮眼的風景線。這一切不是意外，也不是運氣好，而是由農委會一系列的政策規劃與業者共同努力，讓新冠肺炎疫情的危機化為轉機。

在疫情的沉潛期間，正是給業者「打底」，強化體質的時候。農委會一改以往的補助方式，改用獎勵措施，除了降低疫情對於休閒農場經營衝擊與資金調度壓力外，同時蓄積出發的能量，短短不到半年，透過紓困加打底—場域提升、伴手開發、服務提升等雙管齊下，果然疫情解封後，便迎來一波又一波報復性的旅遊，成長幅度甚至超越去年同期！

從「內場」到「外場」，讓田媽媽品牌煥然一新

「打底」對田媽媽來說，影響力更大。農委會輔導田媽媽班 20 年，很多當年熱情、親切的媽媽們，早已升格為阿嬤，有些餐廳正面臨瓶頸，有的後繼無力，苦於無人接班。楊欣佳進一步說明，以往輔導著重「內場」，從菜色規劃到環境衛生，讓大家吃得健康又美味，但這次增加「外場」的輔導，在陪伴師與專業顧問輔導的協助下，重新營造場域特色、優化服務設施、菜色調整與開發、規劃互動式料理體驗服務、強化菜色解說、場域服務動線改善。

年輕化的田媽媽味，直擊年輕人的胃

「很多饕客一眼就能看出田媽媽真的和以前不一樣了」，乾淨明亮的氛圍，友善的動線規劃，有趣的 DIY 互動，新穎的料理搭配菜色解說，充分感受到不一樣的田媽媽。不管是時尚還是懷舊風格，不一樣的田媽媽、更具特

色的品牌故事,也吸引更多年輕族群來嘗鮮,結合農村的農事體驗,認識在地產業與料理文化,提升區域農業旅遊市場競爭力。

跟著田媽媽,來去農場住一晚!

　　從六月解封至今,借助振興券以及農遊券,激活國旅,7月底,農遊券使用破百萬張,帶動農業消費超過 10 億元;田媽媽的業績,也比去年同期成長了 20~30%,台灣人的堅強「食」力看得見!未來,如何透過區域的軸帶特色環境與主題營造,跨域、順遊資源的整合,以區域作為品牌來行銷,而非行銷個別業者,是休閒農業產業輔導上重要的關鍵。

　　全台灣有 114 家田媽媽、72 家經過認證的特色農遊場域業者,農委會也持續盡全力輔導業者營造場域的農遊特色、串聯特色遊程,像是三富農場的自然生態、香格里拉農場的果園;深化農業體驗活動的特色與內涵,如頭城農場的農村廚房活動、桃園好時節農場將老一

倍的種稻、收割變成有趣的食農教育與體驗活動;開發出在地獨有的伴手,如飛牛牧場的牛奶伴手、千戶傳奇的鱘龍魚子醬、鱘龍魚肉燥;也強化輔導田媽媽運用自身或區域農產及傳承的飲食文化做出更道地的特色農村料理,並且整合出米香、花卉、茶香、漁業、畜牧等不同的主題農業旅遊遊程 ,希望讓遊客吃的到、玩得開心、體驗的有深度、認識土地的美好,最後還能買到相關的伴手與親朋好友分享,這也是休閒農業輔導的目的。

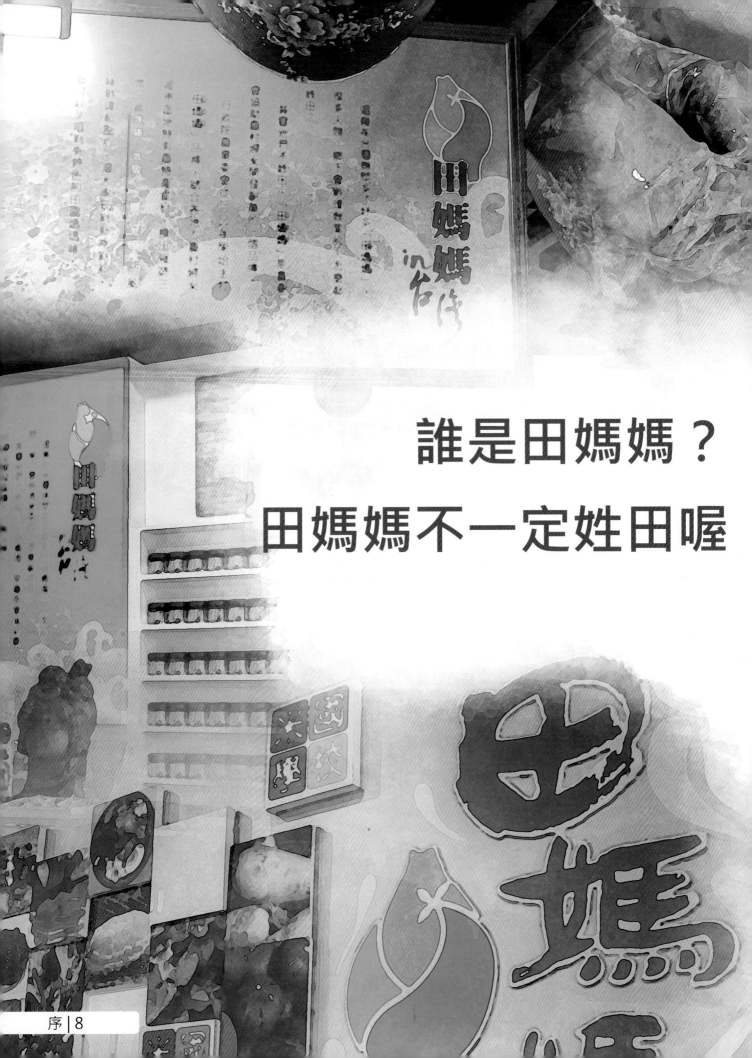

誰是田媽媽？
田媽媽不一定姓田喔

田媽媽泛指一群每天在臺灣各地辛勤努力又有著精湛手藝的家政班成員。

「田媽媽」由行政院農業委員會自 90 年開始輔導成立品牌，旨在幫助農村婦女培養第二專長以及開創事業第二春，讓農漁村可擁有更好的生活品質，創造更美好的未來。

田媽媽由各地區家政班組合而成，運用在地農民種植食材，結合當地休閒旅遊，發展為在地旅遊之美食料理，進而帶動在地消費，創造更多的就業機會，並期望降低食物里程，達到環保愛地球的目標。製作特色料理，講求新鮮、健康、衛生，希望給饕客一種「像是在家裡吃到媽媽煮的料理」的感覺，充滿樸實卻又令人安心的媽媽味。

田媽媽發展至今，品牌發展已邁入二十年，從民國 90 年的 21 家至今有 114 家，為地方創造了非常多的就業機會，也讓這些農漁村媽媽們開創了家庭事業與增加收入。這 114 家田媽媽中，不僅有在地特色料理餐廳、咖啡簡餐下午茶、精緻伴手禮店，更有坐落於休閒農場或休閒農業區內的餐廳、傳統手工藝品、烘焙坊等。邁入 20 週年的同時，辦理了「最靚田媽媽票選活動」，獲得廣大民眾熱烈參與，短短 1.5 個月的活動，總計投票數高達了 888,340 票，可說是 20 年品牌推動輔導有成，本書以「真香天菜賞、最優好物賞、養眼美照賞、創意料理賞、獨一無二賞」各優選出最受民眾點擊率最高的 5 家，以及透過專家、媒體、旅行社評選出「營運卓越賞」10 家，共計 35 家田媽媽，以文字、圖片及影片方式紀錄田媽媽班精湛的地方料理、推廣在地特色食材以落實「食農教育」之意涵，並於內文介紹周邊旅遊景點以推廣特色農業旅遊並強化田媽媽品牌印象。

本書透過文字與手繪水彩畫紀錄田媽媽，期待遊客出發旅遊時可帶著本書，探訪各家田媽媽與週邊景點，嚐嚐在地手路菜與休閒農業旅遊探索。

財團法人農業科技研究院

如何找到田媽媽？

全臺灣各地的田媽媽美食餐廳資訊，都在這裡！
北部、中部、南部、東部、外島通通有，跟著旅遊路線暢遊田媽媽餐廳，
歡迎大家來享用美食。

田媽媽粉絲專頁

20周年精選田媽媽

農業易遊網粉絲專頁

宜蘭

噶瑪蘭美食
宜蘭市林森路155號

夢田食堂
宜蘭縣五結鄉孝威村孝威路402號

花泉田園美食坊
宜蘭縣員山鄉尚德村八甲路15-1號

玉露茶園
宜蘭縣大同鄉松羅村鹿場路10-2號

官夫人田園料理
宜蘭縣壯圍鄉新南村霧罕路3號

一佳村養生餐廳
宜蘭縣冬山鄉中山村中城二路58巷11號

璽緣餐館
宜蘭縣冬山鄉得安村鹿得路113號

泰雅風味餐
宜蘭縣大同鄉松羅村玉蘭巷2號

蔥蒜美食館
宜蘭縣三星鄉義德村中山路31號

臺北/新北

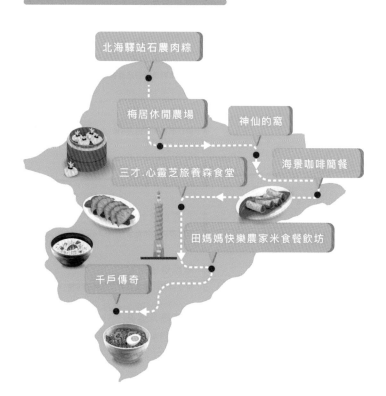

北海驛站石農肉粽
新北市石門區石門村中央路2號

梅居休閒農場
臺北市士林區平等里平菁街43巷99號

神仙的窩
新北市瑞芳區龍潭里逹甲路39號

三才.心靈芝旅養森食堂
新北市石碇區中民里十八重溪52-1號

海景咖啡簡餐
新北市貢寮區福隆村東興街6-19號

田媽媽快樂農家米食餐飲坊
新北市坪林區北宜路八段141號

千戶傳奇
新北市三峽區有木里有木154-3號

桃園

寶聰牧場點心坊
桃園市大園區五權村15鄰中正東路2段24號

桃仔園烘焙坊
桃園市桃園區新生路165號

新屋庄米點烘焙坊
桃園市新屋區中華路242號

巧婦米食烘焙點心坊
桃園市平鎮區南東路2號

耀輝牧場點心坊
桃園市楊梅區瑞原里12鄰91-4號

新竹

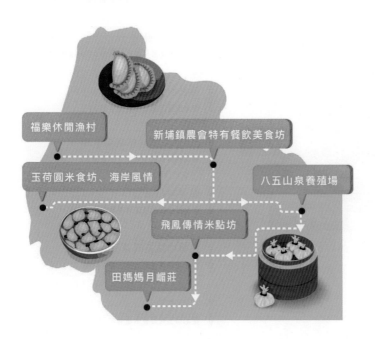

福樂休閒漁村
新竹縣竹北市鳳岡路五段155巷65弄86號

新埔鎮農會特有餐飲美食坊
新竹縣新埔鎮四座里楊新路一段322號

玉荷圓米食坊
新竹市東大路四段8號

海岸風情
新竹市南寮街195號

八五山泉養殖場
新竹縣尖石鄉新樂村8號36之2號

飛鳳傳情米點坊
新竹縣芎林鄉文林村文化路626號

田媽媽月嵋莊
新竹縣峨眉鄉峨眉村10鄰88號

苗栗

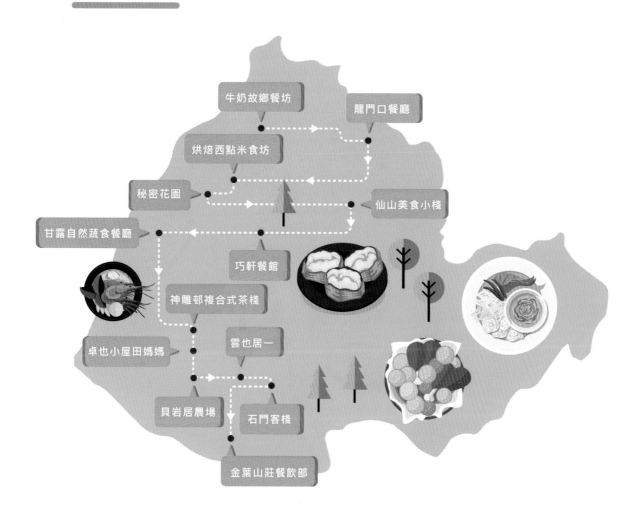

牛奶故鄉餐坊
龍門口餐廳
烘焙西點米食坊
秘密花園
仙山美食小棧
甘露自然蔬食餐廳
巧軒餐館
神雕邨複合式茶棧
卓也小屋田媽媽
雲也居一
貝岩居農場
石門客棧
金葉山莊餐飲部

龍門口餐廳
苗栗縣南庄鄉獅山村15鄰165號

牛奶故鄉餐坊
苗栗縣造橋鄉豐湖村5鄰上山下2號

仙山美食小棧
苗栗縣獅潭鄉新店村小東勢24-1號

烘焙西點米食坊
苗栗市復興路4段197號

秘密花園
苗栗縣西湖鄉金獅村9鄰6-1號

甘露自然蔬食餐廳
苗栗縣通霄鎮楓樹里楓樹窩92-2號

巧軒餐館
苗栗縣公館鄉石墻村11鄰223-1號

神雕邨複合式茶棧
苗栗縣三義鄉廣盛村廣聲新城38鄰2巷26號

卓也小屋田媽媽
苗栗縣三義鄉雙潭村崩山下1-9號

雲也居一
苗栗縣大湖鄉栗林村9鄰薑麻園6號

貝岩居農場
苗栗縣三義鄉龍騰村13鄰3號

石門客棧
苗栗縣大湖鄉栗林村16鄰竹橋20號

金葉山莊餐飲部
苗栗縣卓蘭鎮豐田里13鄰185號

臺中

后里傳統米食舖
臺中市后里區仁里村圳寮路67號

臺中市大安區農會飛天豬主題餐館
臺中市大安區龜殼里大安港路541號

劉員外餐點米食
臺中市外埔區六分路280巷8號

蓉貽健康工作坊
臺中市潭子區栗林里中山路三段275巷47號

紫艾自然烘焙屋
臺中市潭子區南門街121號

欣燦客家小館
臺中市潭子區興華一路219號

田媽媽麻芛糕餅工作坊
臺中市南屯區萬和路一段95號

議蘆餐廳
臺中市霧峰區中正路734號

石圍牆田媽媽食堂
臺中市東勢區茂興里東蘭路196-65號

石岡傳統美食小舖
臺中市石岡區九房村豐勢路889-1號

森林咖啡屋
臺中市東勢區勢林街6-1號

品佳客家田園料理
臺中市東勢區粵寧里東蘭路34-7號

新農食品加工坊
臺中市新社區新社里中和街4段228號

彰化

福農食坊
彰化縣福興鄉橋頭村復興路28號

古早雞傳統米食
彰化縣芬園鄉彰南路5段451巷36號

艾馨園
彰化縣花壇鄉灣東村灣東路239號

陽光水棧
彰化縣芳苑鄉漁港六路38號

台稉9號體驗館
彰化縣田中鎮東路里南北街80號

南投

桑園工坊
南投縣國姓鄉國姓村1鄰成功街282巷22號

仁上風味坊
南投縣國姓鄉大石村昌榮鄉40-1號

原夢觀光農園
南投縣仁愛鄉南豐村松原巷80號

田媽媽幸福田心
南投縣竹山鎮東鄉路3-7號

圓夢工坊
南投縣竹山鎮下橫街38號

耄饕客棧
南投縣竹山鎮延和里安定巷146號1樓

小半天風味餐坊
南投縣鹿谷鄉竹豐村中湖巷3-5號

雲林

▌蛤仔輝漁產料理
雲林縣台西鄉五港村五港路428號

嘉義

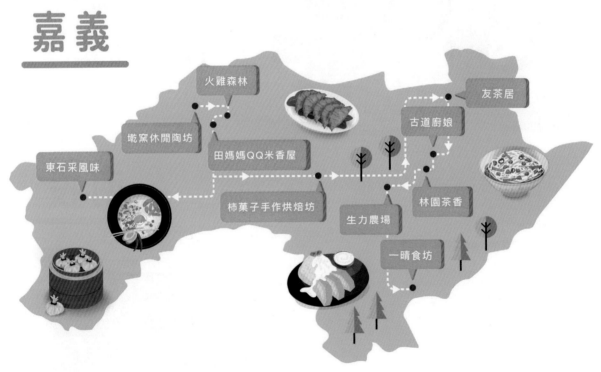

火雞森林
墩窯休閒陶坊
東石采風味
田媽媽QQ米香屋
柿菓子手作烘焙坊
古道廚娘
友茶居
林園茶香
生力農場
一晴食坊

▌墩窯休閒陶坊
嘉義縣六腳鄉潭墩村75-12號

▌火雞森林
嘉義縣新港鄉宮前村新民路254-300號

▌田媽媽QQ米香屋
嘉義縣六腳鄉蒜頭村190-9號

▌東石采風味
嘉義縣東石鄉蔦松村22-1號

▌柿菓子手作烘焙坊
嘉義縣番路鄉新福村8鄰10號

▌友茶居
嘉義縣梅山鄉太和樟樹湖1鄰5號

▌古道廚娘
嘉義縣竹崎鄉中和村奮起湖165-2號

▌林園茶香
嘉義縣竹崎鄉中和村20鄰19號

▌生力農場
嘉義縣番路鄉公田村隙頂9號之5

▌一晴食坊
嘉義縣阿里山鄉茶山村4鄰96號

臺南

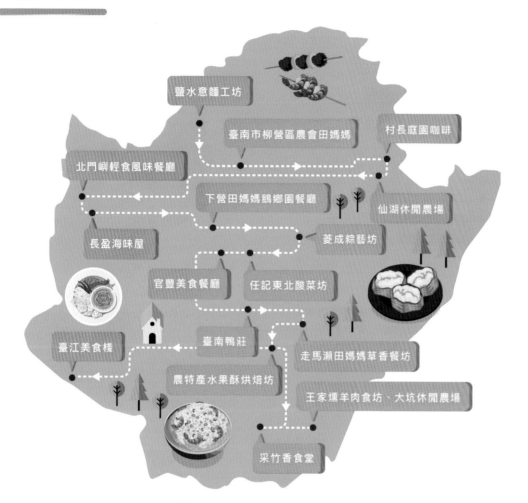

鹽水意麵工坊

臺南市柳營區農會田媽媽

村長庭園咖啡

北門嶼輕食風味餐廳

下營田媽媽鵝鄉園餐廳

仙湖休閒農場

長盈海味屋

菱成粽藝坊

官豐美食餐廳　任記東北酸菜坊

臺江美食棧　臺南鴨莊

走馬瀨田媽媽草香餐坊

農特產水果酥烘焙坊

王家燻羊肉食坊、大坑休閒農場

采竹香食堂

鹽水意麵工坊
臺南市鹽水區中山路49號

臺南市柳營區農會田媽媽
臺南市柳營區士林村柳營路2段77號

村長庭園咖啡
臺南市東山區高原村高原100-9號

仙湖休閒農場
臺南市東山區南勢里大洋6-2號

北門嶼輕食風味餐廳
臺南市北門區北門里1鄰3號之5

長盈海味屋
臺南市北門區三寮灣慈安里484號

下營田媽媽鵝鄉園餐廳
臺南市下營區中興南路21號

菱成粽藝坊
臺南市官田區湖山里烏山頭 81-6號

任記東北酸菜坊
臺南市官田區二鎮里程泰3-18號

官豐美食餐廳
臺南市官田區隆田村文化街25號

臺南鴨莊
臺南市官田區渡頭村3塊厝178-1號

走馬瀨田媽媽草香餐坊
臺南市大內區二溪村嘓子瓦60號

農特產水果酥烘焙坊
臺南市山上區山上村238號

臺江美食棧
臺南市安南區四草里大眾路360-6號

王家燻羊肉食坊
臺南市龍崎區土崎里烏樹林34號

大坑休閒農場
臺南市新化區大坑里82號

采竹香食堂
臺南市龍崎區崎頂村7鄰新市子223號

高雄

羊咩咩的家

戀戀蚵仔寮

仁農美食工坊、鄉土美食坊

羊咩咩的家
高雄市路竹區甲北里永華路302之96號

戀戀蚵仔寮
高雄市梓官區漁港2路32號

仁農美食工坊
高雄市仁武區仁武里中正路137號

鄉土美食坊
高雄市仁武區仁和街67號

屏東

天使花園休閒農場
屏東縣竹田鄉鳳明村福安路120巷101號

天使花園休閒農場

臺東

成農花田餐坊
臺東縣成功鎮忠孝里美山路139號

佳濱成功旗魚
臺東縣成功鎮大同路65-1號

池農養生美食餐坊
臺東縣池上鄉新興村7鄰85-6號

米國學校餐廳
臺東縣關山鎮豐泉里昌林24-1號

傅姐風味餐
臺東縣鹿野鄉永安村7鄰永安路588號

東遊季養生美食餐館
臺東縣卑南鄉溫泉村溫泉路376巷18號

青山農場
臺東縣太麻里鄉大王村佳崙196號

成農花田餐坊

池農養生美食餐坊

佳濱成功旗魚

米國學校餐廳

傅姐風味餐

東遊季養生美食餐館

青山農場

花蓮

澎湖

達基力部落屋

那都蘭工作坊

貞饌美食坊

元貝田媽媽海上料理舫

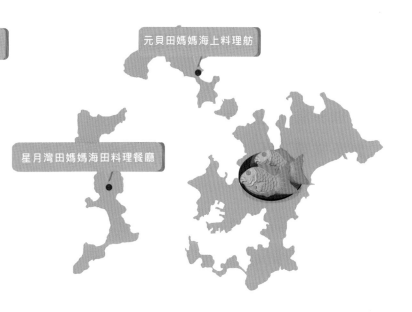
星月灣田媽媽海田料理餐廳

養生餐坊

富麗禾風

金門

鮮豐食堂

前言

　　走在鄉間小路、甚至到阿里山奮起湖、休閒農業區看到好多的田媽媽招牌，這是連鎖店嗎，還是集團？讓本書為您解答

　　田媽媽是由行政院農業委員會於 90 年開始輔導的一個品牌，舉凡全球非常少是由國家成立輔導團隊，幫助農村婦女培養第二專長以及開創事業第二春，讓農漁村可擁有更好的生活品質，創造更美好的未來，所誕生的國家品牌。

　　全臺目前有 114 家田媽媽，包括有餐廳、烘焙坊、手工藝、陶藝等多型態，而成員則是透過農漁會家政班來組成，運用在地食材與自然素材，期望食物里程歸零，達到環保愛地球的目標，製作特色料理，講求新鮮、健康、安心，希望給饕客一種「像是在家裡吃到媽媽煮的料理」的感覺，充滿樸實卻又令人安心的媽媽味。本書透過文字與手繪水彩畫紀錄田媽媽，希望讓更多觀眾認識田媽媽，在旅程時若遇到田媽媽店家，請開門走進去，田媽媽會很熱情的招呼您，就讓我們一起來發掘樸食之味吧。出發囉！

營運卓越賞

經過二十年的傳承與淬鍊，

深耕在地，

在堅持不懈的努力下延續至今，

更在今年度評鑑中成績績優，

獲得公開表揚，

是田媽媽班的優秀典範。

官夫人田園料理

瓜果飄香 壯圍哈密瓜鮮美料理

宜蘭縣壯圍鄉著名的蘭陽溪口水鳥保護區因位於候鳥遷徙路徑，吸引大批水鳥棲息，位於宜蘭河、蘭陽溪及冬山河，三條河川的匯流處，是臺灣重要濕地之一，也吸引許多愛好賞鳥人士前來欣賞。來到宜蘭壯圍，永鎮海

濱公園也是不能錯過的景點，海灘沙質細膩，範圍不只廣闊還可遠眺龜山島，也因此在日出、黃昏時刻的海景特別壯觀。兩處距離官夫人田園料理車程都是不遠的距離，約二十分鐘可到達。

官夫人田園料理同時以「官老爺休閒農場」為名經營農場，有最新鮮的哈密瓜與蔬菜瓜果，更提供了食農體驗活動，11 月到 1 月份以「蒜我一份」為題，解說蒜的一生、「蒜捲」DIY、體驗竹筏秧桶船等等，每個季節有不同的體驗活動，遊客可以完整體驗從「農場到餐桌」的飲食，並增進食物選擇能力。另外還有許多農村體驗活動，如：炒冰、豆腐製作、手工皂製作等等，結合兩處宜蘭景點，與官老爺休閒農場食農體驗活動，可以安排宜蘭壯圍一日小旅行，暢遊在地景點，更了解當地的風土民情。

宜蘭縣壯圍鄉是「哈密瓜的故鄉」，哈密瓜品種是從新疆引進所改良，取用蘭陽溪的河水灌溉，種植出的「新世紀哈密瓜」清香甜脆，受消費者好評。但因為哈密瓜產期有限，官夫人田園料理的張金霞在參加行政院農業委員會舉行的研習課程後，將哈密瓜製作成醬瓜，可以延長保存期限，也希望把當地特色推廣出去給外地食客。

目前客群以團客為主，張金霞希望有更多散客、遊客光臨，參加哈密瓜醬瓜 DIY 活動，可以了解哈密瓜醬瓜製作的過程。也希望婆婆媽媽帶孩子來體驗農村生活，從菜園摘菜到如何變成餐桌上的料理，張金霞也會親自教學招牌菜「哈密瓜雞湯」的煮法，希望有更多人一起同樂。

營運卓越賞

真香天菜賞

最優好物賞

養眼美照賞

創意料理賞

獨一無二賞

原本是經營草莓園的官夫人田園料理，在民國 96 年農會輔導之下加入田媽媽品牌經營團隊，加入之前沒有明確方向的張金霞，加入田媽媽品牌經營團隊之後，在輔導之下找到了自己的特色，使用當地、在地哈密瓜與南瓜，當作官夫人田園料理主打的料理食材。

在田媽媽品牌經營團隊的輔導之下，餐廳原本是鐵皮屋外裝，之後在輔導陪伴師每年的指導之下，針對餐廳環境、動線規劃、整體外觀等等提供建議，將餐廳慢慢整修。也秉持田媽媽精神使用在地新鮮食材，用三低一高，健康烹飪概念，研發各種地方風味料理。

官夫人田園料理主打「南瓜米粉」，用在地新鮮南瓜，切成南瓜絲與米粉拌炒。「哈密瓜雞湯」使用自製哈密瓜醬瓜，熬煮出鮮美湯頭，搭配在地蔬菜與新鮮雞肉，創造獨特的哈密瓜雞湯。「蜜瓜鮮肉」，哈密瓜醬瓜與肉末拌炒。「哈密瓜炒杏包菇」，使用新鮮的哈密瓜炒杏包菇，很多顧客第一次看到都說「哈密瓜用炒的能吃嗎？」品嚐後大部份顧客覺得口感真的很不錯，給張金霞許多讚賞。

官夫人田園料理也有推出辦手禮，豆腐乳以及哈密瓜醬瓜搭成禮盒，標榜純手工、無添加防腐劑，也有計畫到食品展做行銷推廣。行政院農業委員會輔導的每一家田媽媽餐廳，每一家的特色都不一樣，官夫人田園料理的特色是以瓜類為主，張金霞說：「我們也一直用心的想把這個品牌顧好，不要因為做得不好而影響其他田媽媽，」她以此作為警惕自己的理念。 因為有田媽媽的輔導才有現在的生活品質，「我們一家四代同堂可以一起經營餐廳，覺得是最大的收穫，」對張金霞來說與家人一同經營，是她長久經營下來最大的收穫。

特色餐點
哈密瓜雞湯
桶仔雞
蜜瓜鮮肉

特色食材
哈密瓜

聯繫資訊
宜蘭縣壯圍鄉新南村霧罕路 3 號
03-9253517

周邊景點
蘭陽溪口水鳥保護區
永鎮海濱公園
新南休閒農業區

石門客棧

創意客家料理 傳承媽媽手藝

營運卓越賞

真香天菜賞

最優好物賞

養眼美照賞

創意料理賞

獨一無二賞

位於苗栗縣大湖鄉的石門客棧，是經營客家在地料理的餐廳，在距離約四十分鐘車程有一條「馬那邦山登山步道」，是早期泰雅族北勢群交通道路與狩獵山徑。其中「石門古戰場紀念碑」段，在秋冬之際是著名的賞楓景點，吸引許多遊客登山。登山結束後可以到「大湖草莓文化館」，了解草莓生態，此處也有販賣許多草莓周邊商品。之後可以前往石門客棧，品嘗道地的苗栗客家料理。

創立於民國 94 年的石門客棧，在民國 95 年加入田媽媽品牌經營團隊，經營到現在差不多 17 年，從主打經濟實惠的大份量的團餐菜色，慢慢在輔導轉型後，烹飪出精緻料理，讓客人覺得色香味俱全，第二代劉元富從當兵回來一直都有在幫忙料理，料理手藝是與媽媽一起學習，劉元富也會去參加行政院農業委員會舉辦的經營課程，回來與媽媽分享交流，有時也會因此創造新菜色，在家人試吃都覺得不錯之後，才將這道菜放進菜單裡。

張玉麗的好手藝傳承自婆婆，婆婆擅長客家料理，客家料理比較重口味，張玉麗在加入田媽媽品牌經營團隊後，參加研習課程才知道，以前的「經濟實惠」分量多，其實客人有時會吃不完，應該要準備剛好的分量，而且應該要以三低一高的健康烹飪概念料理，食物要有價值、有健康，呈現健康美味。

石門客棧的招牌料理「檸香水梨鹹豬肉」，特別的是結合了自家農園栽種的水梨以及檸檬，可以解除鹹豬肉的油膩感。「黃金竹筍」是石門客棧的創意料理，結合綠竹筍與金沙，口感特別。「四季肥腸」選用自己栽種的四季豆，配上肥腸，鹹香開胃。「水梨杏仁鮮雞湯」主打養生，加入川貝枇杷膏，張玉麗說：「這有小時候媽媽的味道。」在喉嚨不舒服時，喝這碗湯可以緩解不適，她表示客人也都很喜歡。而食材多取自自家農園，也研發具地方特色的風味料理，落實在地生產、在地消費的飲食。

張玉麗回憶剛開始經營時，還不太懂什麼是「淡季」、「旺季」，只想說怎麼都沒客人，還請工讀生騎車去外頭轉轉，看是不是有事情發生。後來參加田媽媽研習課程、以及詢問相關餐飲業同業之後，才知道有這個道理，必須

營運卓越賞

真香天菜賞

最優好物賞

養眼美照賞

創意料理賞

獨一無二賞

要先有心理準備迎接淡季。石門客棧本身因為有經營休閒農場，還是需要兼顧農園，所以張玉麗會趁著淡季時期，將餐廳整理、整修。

而今年初正逢旅遊淡季，張玉麗利用這個此段時間進行整修，在「田媽媽場域改善及服務創新獎勵計畫」中，計畫改善外場意象，但也不知從何做起，所以在輔導陪伴師的建議之下，張玉麗開始建構想法，在梁柱上掛上客家花布，吊燈也外罩也使用客家花布，營造客家文化氣氛。

自從加入田媽媽品牌經營團隊後，張玉麗也因此學習到更多餐飲相關知識以及烹飪技巧，在民國 104 年田媽媽班執行績效評鑑，獲得特優。而最令她開心的是她的兒子、女兒也願意踏進餐飲的行列，傳承她的這份手藝，讓石門客棧繼續發展。

張玉麗也期望下一代劉元富傳承石門客棧，可以用年輕人的做法、用網路行銷的方式，不一樣的想法可能會有不一樣的料理，製造不一樣的驚喜。劉元富也將秉成田媽媽精神，使用在地食材維持三低一高健康烹飪法，繼續經營石門客棧。

特色餐點
水梨杏仁鮮雞湯

特色食材
水梨

聯繫資訊
苗栗縣大湖鄉栗林村 16 鄰竹橋 20 號
037-951129

周邊景點
馬那邦山登山步道
大湖草莓文化館
馬那邦休閒農業區
出關古道

雲也居一

雲端上的薑麻料理

承襲傳統與創新

營運卓越賞

真香天菜賞

最優好物賞

養眼美照賞

創意料理賞

獨一無二賞

雲也居一位於山腰上，遠眺山脈連綿一覽無遺，霧氣瀰漫時更彷若置身仙境。原本是務農人家的雲也居一，繼承這片淨土後，涂兆榮、彭麗貞在此成立「雲洞山觀光農場」，開放顧客採果，體驗大自然，中間經歷轉換，還增加住宿服務，在民國 101 年休閒農場立案申請通過後正式更名為「雲也居一休閒農場」，整合採果體驗、住宿服務、露營以及提供客家「薑麻料理」等，提供完整的休閒娛樂。

傳統農村婦女的彭麗貞，對服務業以及市場機制不是那麼清楚，當時經營遇到許多盲點。在民國 93 年加入田媽媽品牌經營團隊，加入後帶來的效益非常大，每年專家學者現場輔導，對於產品、待客之道、廚房安全、經營管理等等，以及研習課程，都是一般很難學習到、接觸到的知識，雲也居一的彭麗貞從中學習許多，也因此開創以薑麻為主題的餐飲服務。

而第三代涂育誠回憶當時接手後，總會有一些觀念上的衝突，需要與父母更進一步溝通，「我們其實很享受這個過程，」因為早期父母接手時，也與祖父有一些溝通不良的問題，現在換涂育誠接手，與父母在溝通上同樣有這個問題，他覺得是很有趣的，雖然有時候會有爭吵，但同時也學習到父母的智慧。

雲也居一有自己的菜園，堅持友善耕種，友善野生動物、友善生態、友善人體，完全不使用農藥與化肥，可以說是安全菜園。在秋冬時節種有芥藍菜、芥菜、高麗菜、大菜、青花筍等等，依循生長季節，種植適當的農作物。

雲也居一以薑為特色，是因為所在地為「薑麻園」為高品質薑的出產地，因為地理環境、氣候、濕度等等因素，造就出扎實、香氣濃的高品質薑。

每個人對薑的喜好不一，希望用創新的方式讓更多人可以接受薑，像是招牌料理有「薑麻冰淇淋」，與「飛牛牧場」合作，運用薑製成冰淇淋，希望以創新的方式讓更多人喜歡薑，顧客也給予好評。「黑糖薑麻糬」是客家傳統料理，麻糬翻滾在醬汁裡時很像水牛在玩泥巴，因此也稱做牛汶水。「香薑雞」用大量的薑片，在油裡煸炒後，放入雞肉炒香。「起飛雲朵」以客家鹹湯圓做為發想，在早期經濟不富裕時，不是餐餐都可以吃鹹湯圓，涂育誠的母親就會善用家中食材:有什麼粉就做什麼東西，因此雲朵麵誕生。

雲也居一也有設置農產品展售區域，販售的東西主要以自家菜園出品，皆不使用農藥與化肥，例如：百香果、南瓜、芭蕉等等。也有

販售一些加工品，例如：手工草莓醬，依舊使用自家無農藥無化肥草莓。除此之外，也與當地小農合作，讓他們可以在此販售商品，例如：公館鄉的油甘、紅棗、銅鑼鄉的杭菊等等，幫助在地小農，增加銷售管道。

民國 109 年「田媽媽場域改善及服務創新獎勵計畫」將舊招牌更新，資訊更加明確，因為有增加燈箱，在夜晚或起霧時，也具有指引的效果。為行動不便的顧客，將餐廳入口樓梯改為斜坡。重新設計菜單，致力帶給顧客最安全與整潔的環境。

田媽媽對農村轉型有非常大的影響力，涂育誠認為農村一直在轉變，市場也一直在轉變，希望未來田媽媽品牌經營團隊的輔導陪伴師可以更多元、更多樣，也期許自己挖掘在地文化與特色。

特色餐點
香薑雞
薑汁撞奶

特色食材
薑麻

聯繫資訊
苗栗縣大湖鄉栗林村 9 鄰薑麻園 6 號
037-951530

周邊景點
薑麻園休閒農業區
觀雲台 - 薑麻園社區
觀雲樓

石岡傳統美食小舖

在逆境中重生 創造在地美食小舖

營運卓越賞

真香天菜賞

最優好物賞

養眼美照賞

創意料理賞

獨一無二賞

　　來到臺中石岡情人橋旁邊，店樸實的外觀，田媽媽們製作的手工美味點心，是自九二一地震後，延續了二十年的堅持精神與美味。

　　1999 年 9 月 21 日凌晨 1 點 47 分，芮氏規模 7.3 的大地震從臺灣中部山區擴及全臺灣，然而臺中石岡震度高達七級，造成當地道路嚴重隆起、崎嶇不平，社區房舍幾乎全倒或支離破碎，為受創最嚴重的區域之一。(出自韓世寧、陳國東。九二一集集大地震南投縣臺中縣死亡情形調查報告 ，《疫情報導》。) 震災當天行政院農業委員會及臺中區農業改良場即行以派員、電訊等各種管道，進行農業災情之瞭解。並研擬相關規定及補助措施，與農村聚落重建整體規劃，分年推動重建。全程計畫預算計 536,590 萬元 (出自農委會年報 89 年年報〈肆、九二一災後農業重建〉)，以此幫助農家恢復重建家園。

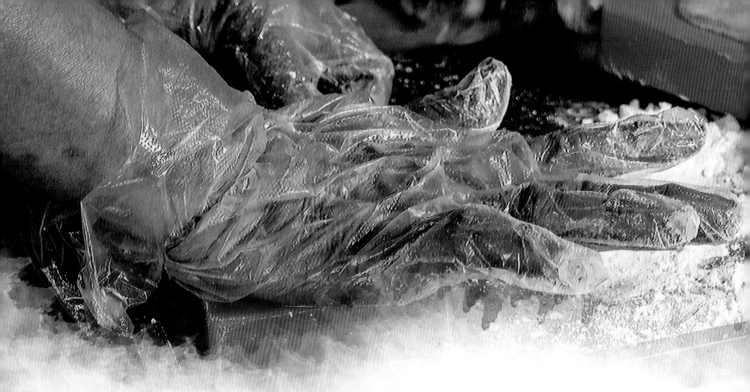

原本是家庭主婦的呂玉美，在九二一地震後，因為石岡災情嚴重，附近的房子倒了，田園也毀壞了，讓原本的生活變得一團亂。為了重建家園，在逆境中化危機為轉機，呂玉美給自己絕對不能倒下的決心，與在地的媽媽們，靠著自己的傳統手藝，重新出發，掛起招牌，開始營業「石岡傳統美食小舖」。

民國 89 年度行政院農業委員會建設臺中縣石岡鄉休閒農業服務中心環境改善工程，領頭開始重建石岡，辦理休閒農業經營人才儲備訓練與解說教育訓練、休閒農業觀光帶之綠化美化工作。

在民國 90 年成立「石岡傳統美食小舖」的媽媽們都是石岡區農會家政班合作社成員。透過在農會家政班學到的手藝，製作並販賣點心類的商品。「因為是鄉下客人沒那麼多」，再加上因為有經濟的壓力，呂玉美也因此決定開賣便當、餐盒、辦桌以及下午茶，皆需要事前預訂，才能安排每一位媽媽人手。

只是，當初政府有補助一部廂型車，可將點心載貨出去賣，增加銷路，卻苦於沒有冷凍庫與冷藏櫃，無法預先製作存放。農會輔導員建議可以加入田媽媽，田媽媽經費可增添器材，增加販賣機會。呂玉美沒有立刻答應，決定先顧好店鋪，店鋪穩定後，透過農會在民國 94 年時加入田媽媽品牌經營團隊。

行政院農業委員會輔導餐點營養常識，透過農會邀請指導老師，教導田媽媽如何用紅糟入菜，紅糟需維持一定溫度，才能保留紅糟營養與健康，再加上使用在地糯米，製成暢銷伴手禮「紅糟龍眼米糕」。呂玉美說：「想不到加入田媽媽之後我們學得更多，時常去臺北、高雄上課，精進自己，真的非常的棒」。

呂玉美認真的個性，製作點心時，每個步驟都不得馬虎，以田媽媽「新鮮、健康、美味、傳統」為堅持的美食饗宴，讓在地的居民，與遊覽車的團客皆會來此購買伴手禮，如蜂巢蛋糕使用蜂蜜高成本製作；紅糟龍眼米糕，使用自製紅糟，把關食品安全。她也製作了手工肉粽，原本南下的客人特地要帶回臺北吃，卻苦

營運卓越賞

真香天菜賞

最優好物賞

養眼美照賞

創意料理賞

獨一無二賞

於無法冷凍保存帶回，於是民國 109 年「伴手開發輔導獎勵計畫」核准製作保冷袋，讓客人帶回臺北也不會退冰。同年針對場域改善，修正置放商品的展示架，多加上前方擋板防止商品滑落。將店面招牌更新，及店內牆面更換壁紙，保持店內環境整潔。

　　知名度節節高升，在行政院農業委員會的輔導之下，新開發用石岡在地火龍果做的火龍果鳳片粿，與距離相隔不到十分鐘車程的火龍果果農合作，火龍果種植不灑農藥堅持無毒，與田媽媽理念符合。呂玉美將其製程 DIY 教學課程，結合客家鳳片粿，教學古早製作粿的揉製手法，展現食農教育精神，傳承客家手藝，「從一個原本在家裡做家庭主婦的家政班成員，到現在每一個人都可以當講師在社區教學，而且我們的視野也擴大了，這點我覺得是最大的成就」。

　　經過九二一震災，呂美玉與小舖的媽媽們攜手打拼互相扶持，並設立「老人關懷據點」，報答社會各界對臺中石岡傳統美食小舖的支持，期望能繼續共創未來。

特色餐點

紅麴龍眼米糕
火龍果鳳片粿
蜂巢蛋糕

特色食材

米食

聯繫資訊

臺中市石岡區九房村豐勢路 889-1 號
04-25721490

周邊景點

東豐鐵馬道
食水嵙休閒農業區

神雕邨複合式茶棧

「食飽盲？」
三義山城料理 發揚客家文化

　　神雕邨複合式茶棧位於三義木雕博物館旁，在三義木雕博物館可了解三義木雕起源，早期枯木被當作是藝術品，進而才發展出木雕藝術品。中午在神雕邨複合式茶棧享用客家在地料理，下午可前往車程約六分鐘的百年校園－三義鄉建中國民小學，欣賞充滿在地風俗民情、自然生態的彩繪，如：石虎、油桐花、勝興車站等等，以 3D 彩繪階梯呈現，顯出在地特色。推薦旅遊時安排一天行程到苗栗三義，享受此處的人文薈萃。

苗栗三義客家家族多居住在山城裡，歷史上曾經多次遷徙居住地的客家族群，在醃製食品上有高超的技巧，相關學者認為是為了方便攜帶而產生，客家媽媽們練出一套自製梅菜乾、蘿蔔乾、桔醬等等的好本領，正是客家飲食的精隨。

神雕邨複合式茶棧的許鎏雪，原本是閩南人，嫁到苗栗三義客家庄之後，為了生活許鎏雪努力學習客家話，同時也深入了解客家文化與客家飲食。許鎏雪的婆婆廚藝精湛，她從婆婆那邊學習到許多到地客家料理，也因此興起開店的念頭。

民國 90 年，許鎏雪因為其實並不熟悉如何開餐廳，只能先從客家擂茶 DIY 以及民宿做起，營業額並不理想。

許鎏雪在民國 93 年加入田媽媽品牌經營團隊，透過田媽媽品牌經營團隊學習專業課程，藉此加強經營技能，增加自信心後下定決心將神雕邨複合式茶棧加入餐飲服務，轉型成複合式餐廳，她說「我雖然當時只會煮一般的客家家常料理，但是參加田媽媽的想法很簡單，只想要煮好的料理給大家吃，讓大家知道客家料理簡樸的美味。」

在這個輔導過程當中，各單位很認真的來協助農村婦女，也教導餐飲、衛生環境方面的知識，輔導陪伴師指出要注意、改進的地方。「十幾年來我發現到成長很多。」經營時的困難點，例如：管理、宣傳、料理技巧，都慢慢解決，營業額也相對提升。

依據田媽媽品牌經營團隊的精神「最好的食物是來自當季與在地」，神雕邨複合式茶棧的菜色便是使用在地食材，如：「梅干扣肉」使用國產豬肉與在地人自製的梅干菜。「雲片湯」是使用自製「蘿蔔錢」加肉片燉煮成湯。「蘿蔔錢」是將蘿蔔切成薄片後曬乾製成。簡樸的「炒地瓜葉」，是使用在地親友種的地瓜葉，當天現採現用。加上鄰居、鄉親種的甜芥菜、桂竹筍，變化出在地美味家常料理。

營運卓越賞

真香天菜賞

最優好物賞

養眼美照賞

創意料理賞

獨一無二賞

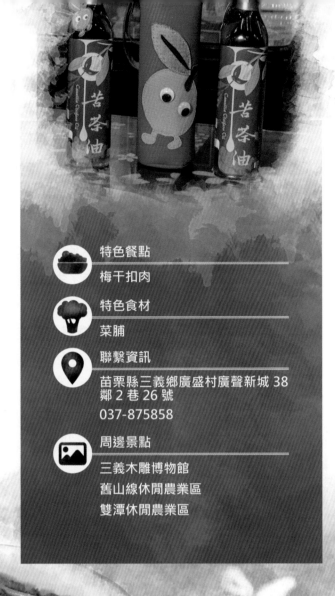

神雕邨複合式茶棧從一開始的客家擂茶DIY 到現在提供餐飲服務，今年在行政院農業委員會的輔導之下，加入「創意米食創新糕粄DIY」，推廣客家粄食文化。

加入田媽媽品牌經營團隊之後帶給許鑾雪最大的改變是烹飪技術的進步提升、輔導陪伴師教導餐廳衛生的觀念、場域改善創新環境的提升，她說：「在不懂的地方還有田媽媽的後援，這是最大的信心，」因為參加專業輔導課程，認識更多同業的朋友互相鼓勵，「田媽媽已經是我們餐廳很重要的稱呼，我也以『田媽媽』自許，」田媽媽是許鑾雪心目中的「金字招牌」，她將更用心的擦亮招牌，用心經營下去。

特色餐點

梅干扣肉

特色食材

菜脯

聯繫資訊

苗栗縣三義鄉廣盛村廣聲新城 38 鄰 2 巷 26 號

037-875858

周邊景點

三義木雕博物館
舊山線休閒農業區
雙潭休閒農業區

營運卓越賞

真香天菜賞

最優好物賞

養眼美照賞

創意料理賞

獨一無二賞

田媽媽 QQ 米香屋

家政班田媽媽 手作米料理

　　位於嘉義縣六腳鄉的蒜頭糖廠蔗埕文化園區，距離田媽媽 QQ 米香屋大約只要車程五分鐘的時間就可以到達，在這裡可以參觀百年製糖工廠以及鐵道文物館，品嘗糖廠的冰淇淋等。同時，朴子溪自行車道也可從此處出發，全長約 25 公里，往西騎至東石漁人碼頭，沿途經過許多景點，如：木精靈偶戲館、六腳倉庫 – 農村市集等等，若有來訪田媽媽 QQ 米香屋產品，推薦您順遊到附近景點，享受嘉義美景與文化。

黃謝翠花、葉金鳳、黃侯碧玉三位從六十幾歲開始就一起做米食點心，在逢年過節時期，祭拜用的食品需求量大，總是有很多人跟他們訂購，因為東西好吃，受到大家的好評而廣為人知。在嘉義縣六腳鄉農會家政班的指導員推薦、鼓勵之下，「好吃的東西，要讓更多人吃到」，在民國 91 年加入田媽媽品牌經營團隊，擴大經營。

田媽媽 QQ 米香屋原本是紅磚屋車庫，經過改造之後，改成了廚房，主要由三位高齡的七、八十歲以上阿嬤一起製作米食，由黃謝翠花進行分配備料工作，其他兩位便依循一起合作做出好吃的米製料理。例如：草仔粿、肉燥粿、大腸、肉粽與獨創的薏仁粽，而材料是使用嘉南平原生產的優質米、嘉義縣六腳鄉

生產的花生、嘉義縣朴子市生產的有機紅豆與綠豆，以及市場現宰的溫體豬肉，符合田媽媽在地生產、在地消費的理念精神。

剛開始販售米食點心時，不曉得做出來的食品，顧客會不會喜歡、數量夠不夠等等，都是需要煩惱的事。「在鄉下就有鄉下的好處，親朋好友就會『吃好逗相報』讓大家都知道我們，也會給我們意見，」黃謝翠花的女兒，也是下一代接班人黃玉好表示，現在會盡量都採取接單的方式，來控制需要的產量，維持食品新鮮。

加入田媽媽品牌經營團隊之後知名度提升，時常參加由行政院農業委員會舉辦的輔導課程，在衛生環境、經營管理、廚房安全與製作辦手禮等等方面都有教導，增加田媽媽 QQ

米香屋田媽媽們的知識與專業。地方社區有活動時六腳鄉農會也會邀請田媽媽們製作食品，為她們打開知名度。

「加入田媽媽之後，覺得要更加用心的維護它，」黃玉好認為要將品質顧好才對得起「田媽媽」這塊招牌。也因為這樣的堅持，田媽媽QQ米香屋聲名遠播，還有人特地買來寄去美國、日本，也有宅配服務。無論是逢年過節還是送禮親友都很適合，黃玉好覺得看到客人吃得高興就是她們最大的驕傲。

特色餐點

肉粽
草仔粿
芋粿

特色食材

米食

聯繫資訊

嘉義縣六腳鄉蒜頭村 190-9 號
05-3805306

周邊景點

蒜頭糖廠蔗埕文化園區
朴子溪自行車道

營運卓越賞

真香天菜賞

最優好物賞

養眼美照賞

創意料理賞

獨一無二賞

菱成粽藝坊

養生菱角粽 吃出愛心與健康

官田區的菱角之所以有名，在於口感綿密鬆軟又香甜，因為有烏山頭潔淨水源，可孕育出高品質的菱角，適合菱角生長，也是臺灣菱角栽培歷史最久的地方，目前栽培菱角面積約四百公頃，產量約五千公噸，位居全臺之冠。

菱成粽藝坊顛覆大眾對粽子的印象，去除油膩、高熱量、不好消化等等，使用在地產的稻米、五穀雜糧、蓮子以及官田盛產的菱角，調配好五穀雜糧的比例，減少使用糯米，製作出大家都喜愛但卻又養生、低熱量、高纖維的粽子，一點也不輸傳統肉粽的口感與味道。

開始於民國 88 年的菱成粽藝坊，賴明美因為家裡務農，最不缺的就是稻米，加上鄰居們有手藝、有空閒時間，於是在做粽子批發事業的妹妹的建議下，利用現成的資源，開始經營「粽子事業」。

「田媽媽有很強的輔導團體，他會給我很強的知識跟資源，」在民國 93 年加入田媽媽品牌經營團隊的菱成粽藝坊，主要特色是採用本地農特產品菱角與在地官田糯米，調配五穀雜糧及蓮子，以及田媽媽們的精湛手藝製成美味的菱角粽。賴明美為了改善現代飲食油膩、營養不均的狀況，製作出的菱角粽，以低鹽、低油、低糖、高纖維的健康烹飪方法，符合田媽媽理念，菱角粽使用的稻米、蕎麥、蓮子是自家栽種，而其他食材則選用官田在地農民生產，飽含著對官田人與官田土地的在地情懷。

菱成粽藝坊生意源源不絕，在有一次的端午節因為接單太多，一天工作需要到十八小時，體力上吃不消，賴明美說：「那些訂單是在汗水與淚水中完成，」她表示最辛苦的是請不到幫手，師傅有的已經七、八十歲了，不好意思

營運卓越賞

真香天菜賞

最優好物賞

養眼美照賞

創意料理賞

獨一無二賞

請他們繼續，但年輕人也意願不高，所以稍顯人手不足。

　　加入田媽媽品牌經營團隊之後，賴明美在輔導下考取丙級廚師證照，她說：「丙級廚師證照像一把鑰匙，開啟我體內陳封的廚藝因子，」於是隨後又考取了烘焙與米食料理點心證照，田媽媽品牌經營團隊每年舉辦的研習與課程，教導衛生常識與料理技藝等等，賴明美也有參加。「自從加入田媽媽這個大家庭，深深感受到主辦單位真的都很努力很用心，」在

行政院農業委員會每一年輔導陪伴師的審查下，對於品質控管更加小心的賴明美，認為不能因為個人疏失影響田媽媽給客人的信譽，而持續精進自己。

　　賴明美也分享曾經有客人說：「你的粽子不是最好吃的，但是我就是想吃，」因為賴明美帶給客人的安心感，即使不是最好吃的，但是卻是令人放心的，「田媽媽就像你的媽媽給你的食物一定是安全的，」她秉持著田媽媽的理念與精神，將最好的、最安心的料理呈現給

顧客，在民國 104 年田媽媽執行績效評鑑獲得特優；在民國 106 年田媽媽績效評鑑獲得拔萃獎。在民國 109 年「田媽媽場域改善及服務創新獎勵計畫」中菱成粽藝坊將桌椅換新，營造溫馨氣氛。賴明美希望兒子接手以後繼續製作健康的傳統米食，傳承「田媽媽」的愛。

特色餐點
菱角粽

特色食材
菱角

聯繫資訊
臺南市官田區湖山里烏山頭 81-6 號
06-6981921

周邊景點
烏山頭水庫
西拉雅風景區

長盈海味屋

從養殖到研發 展現虱目魚創意料理

原本是虱目魚養殖業的長盈海味屋，為提升自家市場競爭力，決定開始研發自己的健康又兼顧美味的虱目食產品，並從民國 84 年開始經營長盈海味屋，走上研發之路後，感受到食品來源的重要，毅然決然投入無毒養殖，並陸續開發各種虱目魚產品。

在長盈海味屋用完餐，徒步只需要兩分鐘的東隆宮文化中心，樓高七層，每層都有不同的主題，其中也有全臺唯一的「王爺信仰主題館」，可以在這裡感受到文化信仰與民間傳說的薰陶。下午推薦去距離約車程六分鐘的「井仔腳瓦盤鹽田」欣賞美麗夕陽，夕陽映照在鹽田上，鹽田宛如天空之鏡，美不勝收。

長盈海味屋剛開始營業時不懂行銷，也不知如何介紹自己的產品，明明是有很好的無毒養殖虱目魚，卻不會推廣，只能透過顧客的口耳相傳，「有趣的是，有些客人還會教我們怎麼做生意，」長盈海味屋的謝佳歆也跟我們分享，其中也有些客人就是看中這種不打虛招的實在，反而令顧客在消費時能夠更安心與放心。

重視食品來源，為了讓大家吃的更加安心，乾脆自己養魚，堅持無毒養殖，打造高品質的在地生產，但因為屬於傳統的個體養殖戶，不論是研發過程中的失敗或是因堅持無毒養殖所引發的重大損失，亦或是魚池的魚突然整

營運卓越賞

真香天菜賞

最優好物賞

養眼美照賞

創意料理賞

獨一無二賞

夜暴斃，都不是一般養殖業能承受的損失，謝佳歆說：「我們想讓大家嚐到屬於我阿公那一代記憶中的味道，」長盈海味屋也因此堅持住他的理念，維持住他的品質。

在民國 101 年因為一尾產銷履歷及輸歐盟雙認證的「虱目魚一夜干」，獲行政院農業委員會評鑑認可，加入田媽媽品牌經營團隊，加入後田媽媽品牌經營團隊在推廣產品、增加曝光率上帶來明顯的改變，在每次舉辦的研習課程中，也學習到不同的衛生知識、餐飲知識以及經營管理。從魚類養殖到餐廳的加工處理，皆一手包辦，魚池內的菌種也是自己所培養的。謝佳歆表示「每個魚類產品都有產銷履歷及輸歐盟認證，」為了讓顧客安心，他們在生產流程上更用心做把關。

長盈海味屋主打健康、自然的虱目魚相關產品，例如：魚肉做成的「長盈虱目魚香腸」，獨創虱目魚與香腸的結合，料理時用三杯風味呈現；虱目魚一夜干是通過產銷履歷及輸歐盟雙認證的產品；虱目魚背鰭肉油脂豐富，以獨家開發出的冷風乾燥技術，風乾成長盈魚菲力，深受消費者喜愛，還有顧客為了魚菲力特地跑到台南，只為品嚐魚菲力的美味。

特色餐點
長盈魚菲力
三杯虱目魚香腸

特色食材
虱目魚

聯繫資訊
臺南市北門區三寮灣慈安里484號
06-7850577

周邊景點
東隆宮文化中心
井仔腳瓦盤鹽田
北門水晶教堂

營運卓越賞

真香天菜賞

最優好物賞

養眼美照賞

創意料理賞

獨一無二賞

在行政院農業委員會與田媽媽品牌經營團隊的輔導下，學習更加精進自己，也因此獲得民國99年台南縣十大伴手禮、民國103年產銷履歷達人、民國105年入圍全國水產精品海宴獎、民國106年田媽媽績效評鑑拔萃獎等等，從早期的虱目魚養殖業到現在獲獎無數的經歷，謝佳歆說：「看到客人吃完餐點露出滿意的微笑，會感到很有成就感。且很多常客到最後都會變成很好的朋友，這是我們開店感到最快樂的事情，」堅持對食物新鮮、健康的理念，維持每一道料理的品質，長盈海味屋持續新增產品，也期許讓更多人品嘗到長盈海味屋的用心。

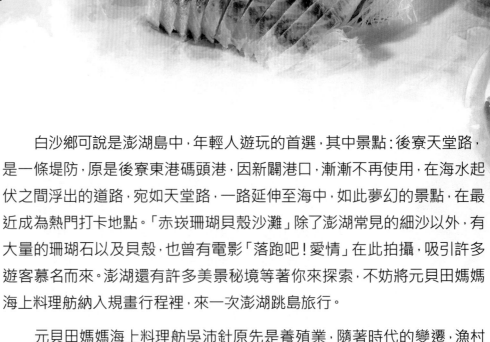

元貝田媽媽海上料理舫

澎湖海上料理舫 體驗漁夫生活

白沙鄉可說是澎湖島中，年輕人遊玩的首選，其中景點：後寮天堂路，是一條堤防，原是後寮東港碼頭港，因新闢港口，漸漸不再使用，在海水起伏之間浮出的道路，宛如天堂路，一路延伸至海中，如此夢幻的景點，在最近成為熱門打卡地點。「赤崁珊瑚貝殼沙灘」除了澎湖常見的細沙以外，有大量的珊瑚石以及貝殼，也曾有電影「落跑吧！愛情」在此拍攝，吸引許多遊客慕名而來。澎湖還有許多美景秘境等著你來探索，不妨將元貝田媽媽海上料理舫納入規畫行程裡，來一次澎湖跳島旅行。

元貝田媽媽海上料理舫吳沛針原先是養殖業，隨著時代的變遷，漁村位居偏遠，人口也有高齡化趨勢，衝擊了當時還在養殖業的吳沛針。在漁會

總幹事的支持下，民國 95 年加入田媽媽品牌經營團隊，吳沛針轉型開始做結合餐點服務以及旅遊業的海上行程活動，乘船繞行員貝嶼、箱網餵魚、在潮間帶捉蝦、海釣等等應有盡有，而在行政院農業委員會的輔導下，安全、衛生、環境，要特別注重，參與田媽媽相關研習課程，學習田媽媽使用在地食材，三低一高健康烹飪精神，提供最健康的料理，以及最親切的服務。

元貝田媽媽海上料理舫，是一間餐廳，也是一艘遊艇，位於澎湖縣白沙鄉岐頭漁港，是「海上田媽媽」。將生活、生態、生產等等結合，提供多元化的休閒體驗活動，體驗親手捕撈漁獲，以及各式各樣的漁夫行程，還可以在船上學習漁夫的教學課程，如定置網的設置，在固定的位置設置大型的漁網，一個入口寬、出口窄的漁網，魚游進箱網後就不容易游出來了，但是因為孔洞大小有精心設計，大魚、小魚游進來後，小魚是游得出去的，只留下已成熟的大魚，這樣的方法可以讓大海生物永續，生生不息。除了上述提到的箱網捕魚之外還包含海鱺餵食秀、溜花枝、夜釣小管、夜照章魚等等，從白天到夜晚整天都有豐富的行程。

捕撈完魚貨後收網起來的新鮮海鮮類，都有可能成為中午的海上平台風味餐，可能會出現鮮魚湯、海鱺麵線、炸小管等等，都要取決於當天捕獲的食材，捕撈什麼吃什麼，才能吃到最新鮮，也能品嘗正港漁夫的美味料理。

營運卓越賞

真香天菜賞

最優好物賞

養眼美照賞

創意料理賞

獨一無二賞

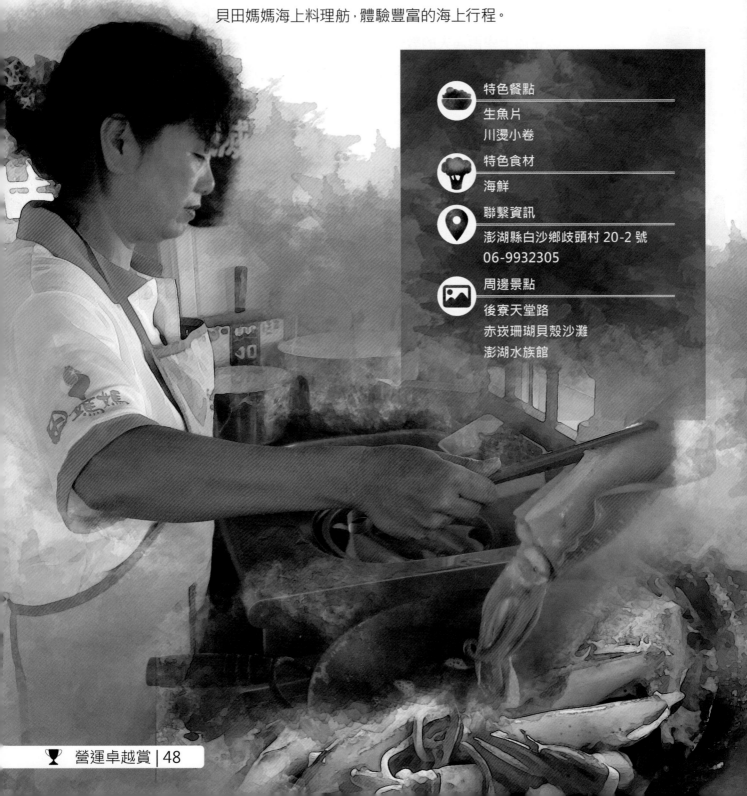

在 109 年「田媽媽場域改善及服務創新獎勵計畫」中，製作行程標示牌，以及引導顧客的指示牌來改善動線，讓顧客清楚明瞭，致力於更好的環境規劃。吳沛針也非常感謝行政院農業委員會、農業科技研究院、漁會以及各單位的肯定，吳沛針說：「我們將秉持田媽媽精神，永續經營。」持續在海上經營田媽媽品牌，讓田媽媽招牌發光發熱。

料理美食結合旅遊的安排，深受消費者青睞與肯定，下次到澎湖旅遊除了騎車環島、忘憂島浮潛與欣賞壯麗的玄武岩，何不安排一天行程到元貝田媽媽海上料理舫，體驗豐富的海上行程。

特色餐點
生魚片
川燙小卷

特色食材
海鮮

聯繫資訊
澎湖縣白沙鄉歧頭村 20-2 號
06-9932305

周邊景點
後寮天堂路
赤崁珊瑚貝殼沙灘
澎湖水族館

成農花田餐坊

木虌果創意料理
「成功」活化在地經濟

　　臺東縣成功鎮農漁業發展發達，成農花田餐坊最初是以鬼頭刀魚乾、在地養殖白蝦為主要經營項目，近年來在臺東區農業改良場的輔導下發現臺灣原生種「木虌果」，木虌果營養價值高，有色無味的特性適合放在料理上，所以逐漸將木虌果以及在地海鮮當作成農花田餐坊的主軸。

營運卓越賞

真香天菜賞

最優好物賞

養眼美照賞

創意料理賞

獨一無二賞

成農花田餐坊緊鄰成功鎮農會農特產品展售中心，其銷售全國農漁會和臺東及在地農特商品、當地原住民手工藝品等等。還有每年大約一月到四月左右的花東花海季，「成功花海景點」也打出名聲，有四季海棠、薰衣草、波斯菊等等的美麗花海。距離約八分鐘車程的三仙台風景區離岸島，有熱帶魚群聚，珊瑚礁環繞的絕美景色。來一趟成農花田餐坊讓遊客有吃、有玩、擁抱大自然。

民國 100 年加入田媽媽品牌經營團隊，設立的成農花田餐坊，原名為「台 11 線花田料理餐館」，集結家政班喜愛製作料理、點心的媽媽們，讓她們的好手藝藉由餐廳呈現，以他們的拿手料理當作招牌菜，吸引觀光客，藉此活絡成功鎮美山社區。

現在家政班班員已經是第三代，以簡餐、小火鍋料理為主，主打料理「木虌果海鮮鍋」，在火鍋的湯底加入木虌果的「假種皮」，富含維生素 B5、膳食纖維，依序放入木虌果果肉、鬼頭刀、白蝦等等，食材跟在地小農以及養殖業者選購，強調低里程料理。「木虌果香雞排」用木虌果的假種皮，熬製湯汁，淋上香雞排。「避風塘白蝦」選用台 11 線在地海水養殖白蝦，品嚐得到 Q 彈、甜的自然滋味。

歷經一代又一代的傳承，成農花田餐坊在行政院農業委員會、農業科技研究院、臺東區農業改良場以及臺東縣農會的輔導之下，餐廳的經營模式逐漸邁向規模化，田媽媽們參加各種研習活動，在專業的學者、老師指導下，料理技巧也不斷進步，以及輔導陪伴師對擺飾、廚房設施、菜單設計方面提供建議。而每兩年一次的「田媽媽評鑑活動」，讓成農花田餐坊次次審視自己還有何處不足，也因此在民國 106 年田媽媽績效評鑑獲得拔萃獎，讓成農花田餐坊不斷成長。

雖然曾經有段時間因為人力安排，而無法常態性營業。後來透過農會總幹事以及人事的完備，成農花田餐坊轉型做簡餐，將餐點與咖啡做一個餐飲結合，讓遊客在享受美食之外，還可以在成農花田餐坊品嚐在地三仙台咖啡以及木虌果果汁，也讓田媽媽的經營再度活化。

成農花田餐坊透過餐廳，幫助在地小農，也透過不斷研發，將在地食材呈現出不同的料理，除了增加小農農產品銷售量，更透過成農花田餐坊這個管道，讓更多人認識當地的農產品。未來希望持續參與各輔導單位所辦理的各項餐飲研習活動，透過專業學者的輔導與同行業者互相探討，成農花田餐坊將發展得更加完善。

特色餐點
木虌果海鮮鍋
木虌果香雞排

特色食材
木虌果

聯繫資訊
臺東縣成功鎮忠孝里美山路 139 號
089-871848

周邊景點
成功鎮農會農特產品展售中心
三仙台風景區
成功花海

營運卓越賞

真香天菜賞

最優好物賞

養眼美照賞

創意料理賞

獨一無二賞

真香天菜賞

田媽媽餐廳符合「三低一高」之健康烹飪理念，

不論是田園料理、在地特色佳餚，

皆利用在地特色食材烹煮出色、香、味俱全的佳餚，

都能讓饕客吃得安心，

成為名符其實的

「天菜」。

海岸風情

置身海洋世界
品嚐南寮海鮮盛宴

新竹是眾人所知的科技之城，近年來新竹也增加了許多知名的觀光景點，不乏好山、好水，其中受到愛戴的就是「十七公里海岸線風景區」，沿途經過看海公園、海天一線、新竹漁人碼頭等景點又可順道至「南寮漁港漁產直銷中心」品嚐新鮮魚貨。從海岸風情到新竹市區大約車距十五分鐘，徜徉在都市裡的花團錦簇，順遊到海岸風情，品嘗南寮的田媽媽美味海鮮料理，是值得週末放鬆出遊的選擇。

位於南寮休閒漁港旁的海岸風情，店面外觀以大海為意象，店內使用貝殼裝點，以及吊掛多魚的裝飾在天花板，隨著風的擺動彷彿魚在游泳，在牆面上繪製海底景觀，有海豚畫、珊瑚畫等等，彷彿置身海洋世界。

營運卓越賞

真香天菜賞

最優好物賞

養眼美照賞

創意料理賞

獨一無二賞

　　海岸風情主人駱麗美從小就在南寮長大，此處的南寮魚港是臺灣西海岸遠洋漁業的重要港口，得天獨厚的環境下加上她的父親是船長，因此駱麗美對海洋的知識相當豐富。而在魚市場當過會計的經驗，也讓駱麗美對「魚」更加熟悉，額外學習到如何挑新鮮的魚貨，她將這項技能運用在經營海岸風情上，所以食材的新鮮度有保證，致力帶給客人最新鮮的料理。

　　駱麗美是新竹區漁會家政班的一員，從中學習到料理漁產的手藝，孜孜不倦的上課的過程中，她考取了兩張證照，因此興起開店的念頭。從民國 93 年開始經營海岸風情，原本是以咖啡、簡餐為主，開始經營後駱麗美才知道不如想像中的簡單，很多事情需要打點，在

經驗中持續學習。民國 94 年駱麗美因為家政班的身分，在新竹區漁會的輔導下加入田媽媽品牌經營團隊。

　　加入田媽媽品牌經營團隊之後，感受到田媽媽對於食品安全、環境區域與衛生都特別注重，這也是她非常重視的要點。透過時常參加烹飪研習課程，學習到食材選擇的重要性以及食品的安全，所以在眾多食安風波方面，海岸風情沒有受到任何影響，在每次的田媽媽品牌經營團隊審查中，海岸風情也是高分過關。

　　海岸風情料理主要以套餐方式呈現，「清蒸石斑」以醬汁烹調，簡單調味帶出石斑原有的鮮甜味。「燴三鮮」以南寮漁港當地新鮮透抽、白蝦、干貝燴煮而成。「酥炸白鯧」使用一整尾的新鮮白鯧下鍋酥炸，除了主菜海鮮之外，

套餐配菜有五種，營養均衡搭配，以「三低一高」：低油、低鹽、低糖、高纖維的健康烹飪精神為堅持。另外也有自製的紅豆麻糬鬆餅，外型也是一隻魚，選用新鮮紅豆包在麻糬裡，製成鬆餅餡，在一系列的海鮮餐點中創出不一樣的新意。

「有人問我說開餐廳賺了多少錢，我覺得反而是『賺到』很多好朋友，」在這幾年的經營，口碑的累積，也讓生意蒸蒸日上，駱麗美表示有很多回頭客來訪，久而久之也成為了朋友。在田媽媽品牌經營團隊的輔導下，在民國102年全國田媽媽品牌元素創意運用競賽獲得季軍、民國104年執行績效評鑑獲得優等。

海岸風情由於距離新竹科學工業園區約車程十分鐘，很多上班族會選擇到此享用餐點，周末假日則是一家大小都會來此用餐並欣賞美景。駱麗美本身熱情好客、喜歡熱鬧，非常歡迎來自各地的客人們來新竹遊覽新竹好山好水，並順道來海岸風情田媽媽餐廳品嚐健康好吃的海鮮料理。而且店外就是一覽無遺的海景，因此設置了裝置藝術打卡點「熱氣球」，理念是希望遊客乘坐熱氣球，會有飛向海洋，飄向大海，享受自由的感覺。

特色餐點
清蒸石斑

特色食材
海鮮

聯繫資訊
新竹市南寮街 195 號
03-5364805

周邊景點
十七公里海岸線風景區
看海公園
海天一線
新竹漁人碼頭
南寮漁港漁產直銷中心

龍門口餐廳

自家栽種天然食材 南庄必吃客家料理

南庄鄉的休閒農業蓬勃發展，龍門口餐廳位於前往南庄鄉名勝古蹟獅頭山的必經道路之一，時逢假日遊客總是絡繹不絕。獅頭山是北臺灣最大的佛教、道教名山之一，廟宇大都以天然岩石建成，已納入參山國家風景區。而遊客除了體驗當地文化旅遊，還能一嚐龍門口餐廳的客家在地特色美食。因為交通的便利，為龍門口餐廳帶來商機，也增加農村婦女就業機會及家政班班員收入。

民國 77 年龍門口餐廳開始營業，林宴如當時開餐廳的原因很單純，只是因為喜歡、有興趣做料理。身為南庄鄉農會家政班班員的林宴如，民國 91 年在指導員的推薦下，加入田媽媽品牌經營團隊，由農會輔導的家政班中，集結喜愛製作料理、點心的媽媽們組成的家政班。「加入後田媽媽品牌經營團隊後，餐廳越來越充實，」林宴如帶領家政班班員推出新產品、新料理菜色，與班員一起學習更多的專業知識與技能。

龍門口餐廳的傳統客家料理在調理上保留「鹹」這個特點，但在行政院農業委員會輔導的課程學習後，對調理要以低油、低鹽、低糖、高纖維有了概念，輔導陪伴師也教導林宴如與班員如何將客家料理在製作上減少使用鹽的方式，也不失客家料理美味，落實健康烹飪概念，更與輔導陪伴師一起開發料理，例如如何用紅麴製作更多樣化的料理。

營運卓越賞

真香天菜賞

最優好物賞

養眼美照賞

創意料理賞

獨一無二賞

　　龍門口餐廳的菜餚會使用自己種的菜，部分菜田就在餐廳旁邊，「每次客人要吃，我們才過來採，」林宴如驕傲的說：「自己種的秋葵每天都要來採，一天不採就會長得太大不好吃，而且不像外面賣的很硬，我們的秋葵很軟，超好吃的」。

　　招牌料理是使用自己種植的南瓜，做成的香甜南瓜飯。花生豆腐，使用蔥末、芹菜末與自己種的九層塔，再與香菇、肉燥爆香製成醬汁淋在自製花生豆腐上。精選的仙草乾熬煮的仙草茶也是主打。

位在名勝古蹟、旅遊勝地的要道上，龍門口餐廳在假日時客人絡繹不絕，林宴如說「客人在中午時間全部一起來，無法消化客流量，是最辛苦的。」但是最開心的也是客人的回饋，「當客人讚美我們的菜，誇獎有進步，是很有成就感。」讓林宴如與家政班成員都感到很開心。

在民國 109 年「田媽媽場域改善及服務創新獎勵計畫」，龍門口餐廳製作商品展售架，放置伴手禮桂花釀、黑木耳、梅干菜等等，置放在餐廳內部供客人挑選；更換洗手間的門，加亮燈光；粉刷牆面；更換桌面客家花布；製作筷套。秉持田媽媽精神，帶給客人安全、整潔的印象。

龍門口餐廳經營三十幾年，早期多是附近的公家機關、學校光臨餐廳，林宴如表示「農委會給我們很多鼓勵，請指導老師們輔導，讓我們各方面都有進步，」加上現在因為網路發達，因此從也有從很遠的地方來的客人。而南庄鄉農會辦理記者會或大型活動，也會邀請龍門口餐廳製作餐點。在行政院農業委員會的輔導下，林宴如與班員都有不斷去上課，不斷去精進，也會向客人介紹自己是「田媽媽」、介紹田媽媽品牌是什麼，分享在地農村文化發展及食材來源，增加與顧客的互動，她說客人也會帶更多朋友來龍門口餐廳捧場，是她最有成就感的事。

特色餐點
金佶葉燉粉腸
金瓜炒米粉

特色食材
南瓜

聯繫資訊
苗栗縣南庄鄉獅山村 15 鄰 165 號
037-822829

周邊景點
獅頭山
南江休閒農業區

營運卓越賞

真香天菜賞

最優好物賞

養眼美照賞

創意料理賞

獨一無二賞

東石采風味

蚵仔的故鄉 東石鄉風味料理

　　嘉義東石鄉盛產的蚵鮮甜肥美，同時是在地居民主要收入來源。因此該地區又稱為「蚵的故鄉」，其約十四公里的海岸線是中南部水產養殖業重要的經濟重鎮，大約有上千公頃的漁塭等產業和全臺灣最大的外海養殖蚵棚，蚵產量佔全國的三分之一以上。因為有外傘頂洲天然屏障，是極佳的蚵仔養殖地，進入蚵仔的產季，會看到蚵農船上滿載而歸，在東石漁港可以買到當季最新鮮的蚵仔以及漁獲。東石漁人碼頭，是北回歸線通過的其中一處，走一趟這裡感受漁村風情，欣賞朴子溪河口夕陽西下美景，再到東石采風味享用蚵仔大餐，是全家出遊的好去處。

營運卓越賞

真香天菜賞

最優好物賞

養眼美照賞

創意料理賞

獨一無二賞

東石鄉農會家政班的班員，在班長許黃嬌的帶領之下，透過東石鄉農會輔導學習料理技法，平常也會互相研習與經驗交流，做出一道道美味佳餚，並且會將美食分享給左鄰右舍與親朋好友。

當時的農會總幹事劉金印先生，推薦家政班加入由行政院農業委員會成立的田媽媽品牌經營團隊，輔導農村媽媽們創立事業第二春，於是家政班指導員柯秀芳鼓勵班員當中有興趣者加入，不但增加額外收入，同時也創造在地的工作機會，在民國 90 年「田媽媽」東石采風味成立。

東石采風味推廣使用在地食材，例如：東石鄉在地蘆筍、蚵仔、以及吳郭魚等等在地養殖海鮮，東石采風味還有自己栽種南瓜，經由田媽媽們精心研發，透過巧手呈現東石鄉在地特色，變化出多種料理。一開始原本是採用餐點自助式的經營方法，發現不符合市場需求，於是許黃嬌決定改成辦桌經營，營運狀況逐漸步上軌道。

近幾年男性班員也增加了，許多班員的先生本來是義務幫忙，後來也一起投入，打破家政班是婦女組織的印象。

東石采風味主打料理「老菜脯蚵仔湯」是由班員許訓誦創意研發，只有在東石采風味才吃得到。許訓誦曾在電視裡看過一位總舖師，他用雞肉煮老菜脯，叫做老菜脯雞湯，「我就想說我也可以來試看看，用東石出名的蚵仔，做一道老菜脯蚵仔湯，」新鮮現煮現剖的蚵仔，與老菜脯結合，不會有腥味，湯頭溫醇、順口，許訓誦說：「很多客人來這邊不知道這是什麼料理，但是喝了都說讚！」

「蚵捲」也是東石采風味的招牌菜，使用東石港捕撈的新鮮蚵仔，與豬絞肉、荸薺包在

豬網紗中，下油鍋炸之後，外皮金黃酥脆，扎實飽滿。「南瓜炒米粉」，使用東石采風味自己栽種的南瓜，天然鮮甜。料理多樣也落實「地產地消（在地生產、在地消費）」的特色餐飲。

　　東石采風味菜色常常會因季節變換，而且做得越來越好吃，因為行政院農業委員會每一年聘請餐飲、料理學者專家到田媽媽班，針對菜色提供更多、更好的建議。輔導陪伴師的指導加強許黃嬌與班員們的料理技術，「跟我們說菜色該怎麼做，怎麼煮才會好吃，我們都透過農會與相關單位這邊來輔導我們，讓我們越做越好，菜色越變越好」。在民國 109 年行政院農業委員會輔導的「田媽媽場域改善及服務創新獎勵計畫」，東石采風味重新粉刷牆面，更新餐桌以及招牌，帶給客人整潔與安全。在各單位的支持與輔導下，許黃嬌與班員們期望東石采風味能吸收更多班員，長久經營且發揚光大，歡迎各地朋友來到東石采風味品嘗田媽媽班員的手作料理。

特色餐點
老菜脯蚵仔湯
蚵捲

特色食材
鮮蚵

聯繫資訊
嘉義縣東石鄉蔦松村 22-1 號
05-3796562

周邊景點
東石漁港
東石漁人碼頭

采竹香食堂

古早味美食結合綠竹筍 創造食農教育

臺南市龍崎地區可以說「地無三里平」，崎嶇的地勢加上土質多屬於黃沙土和貧瘠泥岩形成的，因此很多植物幾乎是無法生長的，其中只有竹子、鳳梨可以大量生長，由於特有的沙質壤土，所種植出的竹筍沒有苦味，鳳梨也別具有一番風味。龍崎區竹林景觀四季不同，因呈現多彩美景，素有「采竹之鄉」的美稱。

崎嶇的特殊地形，形成獨特「月世界」景觀，行政院農業委員會水土保持局設了「牛埔泥岩水土保持教學園區」，原是為水土保持示範區，也為維護景觀，並結合生態教育為目的，園區裡的平靜湖水與險惡地形對比，吸引了許多遊客朝聖，可以在采竹香食堂享用美食後，車程約十五分鐘抵達此處，漫步園區內，散步環湖步道約兩個小時，欣賞植栽復育後綠意盎然的景色，以及黃昏時倒映的水中景色，更有解說教育點，讓遊客了解龍崎自然景觀及人文特色。

在民國 90 年臺南市龍崎區農會，為了提升農家生活品質，讓無業之婦女有可以到農會工作的機會，運用周遭的農業資源經營副業，培養第二專長，以開創新的收入來源，號召家政班員成立「采竹香食堂」。

原本以做便當為餐廳主要業務的采竹香食堂，家政班指導員鄭羽茜回憶，「當時一開始其實相當順利，」但因為後來人口外移，導致營業額下降，餐廳業務緊縮，營運狀況一直未達到理想目標。又因空間限制，無充足用餐空間，吃合菜的客人一定得經過廚房才能上樓

營運卓越賞

真香天菜賞

最優好物賞

養眼美照賞

創意料理賞

獨一無二賞

的動線問題。在民國 90 年加入由行政院農業委員會輔導的田媽媽品牌經營團隊。為改善采竹香食堂實體經營績效，聘請專家學者組成輔導陪伴師，對整體動線規劃及多方面專業事項，提供輔導建議。

民國 96 年在行政院農業委員的輔導下，改建 40 年代的舊糧倉成為「采竹香食堂」，保留了建築早期用檜木搭建而成的屋樑，呈現原始風貌且具有古色古香及兼具現代化的農村風味食堂。

采竹香食堂的田媽媽風味餐的食材，用在地產銷班班員所生產的農產品為主，開發製作出多樣化、精緻化的田園料理，以古早味餐點作為采竹香食堂的主軸，因為古早味餐點除了比精緻餐點美味、吃不膩之外，也具有特色，因此特別學習並研究開發古早味地在菜色。

鹽焗雞，使用龍崎在地飼養雞，雞隻放牧天然飼養，只用米酒與胡椒鹽調味，襯托食材原味。

黃金肉丸，是采竹香食堂主打古早味料理，使用絞肉、荸薺、青蔥珠等等均勻攪拌入油鍋酥炸，為班員拿手菜，班員也驕傲地說：「這很好吃喔！」

三絲虱目魚肚湯，使用龍崎產銷班的竹筍，與薑絲、肉絲，加上虱目魚肚與香菇煮成。

「看到每位遊客們來此用餐後臉上露出的滿意笑容，就是給我們最大鼓勵。」田媽媽多位班員參加中餐烹飪訓練並取得證照，也為第二專長參加烘焙訓練，增加料理及餐點的多樣性，田媽媽們自發性充實自己，期望可以更加靈活運用在地新鮮食材調理製作成好吃的地方田園料理。

「龍崎在地沒有餐館或餐廳，因此對外來客可說是相當不便，」家政指導員鄭羽茜表示田媽媽餐廳「采竹香食堂」對龍崎區農會而言是一個發展地方經濟相當重要的角色。田媽媽品牌經營團隊推展在地新鮮食材，采竹香食堂配合政府政策推動食農教育，在民國 109 年舉辦「龍崎采筍趣」，讓學員瞭解綠竹筍，到了餐桌上可以變成什麼樣的在地風味菜餚，了解採買在地新鮮食材的重要性，也會帶領學員在田媽媽餐廳製作以在地綠竹筍製作的加工 DIY，如酸筍絲、蔭筍，作為延長竹筍品嚐期的一種加工食品，也讓學員多學會一種自己可以簡單製作的食品。

同年在「田媽媽場域改善及服務創新獎勵計畫」改善了內外牆油漆刷新，並將入口意象創新：招牌結合煙燻竹，突顯在地特色；玻璃門貼更新；燈具更新為竹編燈罩；花台改造成竹面座椅，帶給消費者安全與舒適的環境。

為了豐富在地美食的內涵，采竹香食堂將經營方向轉變，結合旅遊業把觀光客帶進在地農村，同時配合辦理食農教育活動，更結合自己周遭的農村景觀、文化，解說在地農村文化及食材發展的故事，增加與顧客的互動，把觀光客帶進在地農村，提升在地經濟。

營運卓越賞

真香天菜賞

最優好物賞

養眼美照賞

創意料理賞

獨一無二賞

低碳飲食行動餐廳

CO_2e

采竹香食堂

特色餐點
莘龍香飯
莘龍思香

特色食材
竹筍

聯繫資訊
臺南市龍崎區崎頂村 7 鄰新市子 223 號
06-5941114#27

周邊景點
牛埔泥岩水土保持教學園區
竹炭故事館

戀戀蚵仔寮

現撈現吃「整個漁港就是我們的大冰箱」

臺灣四面環海，海鮮產量豐富，堪稱海產王國。戀戀蚵仔寮的海鮮有九成出自於蚵仔寮漁港，像是有花蟹、軟絲、正當季的吻仔魚等等，每天中午 12 點漁船返港時，田媽媽戀戀蚵仔寮負責人－孫基興會親自到漁市採購魚貨，以「當天需要賣多少就採購多少」的模式進行，而漁市與餐廳就在隔壁，可以說是現撈現吃。

不妨在戀戀蚵仔寮大啖美味海鮮後，到鄰近的「南沙灘」，只有在地人才知道的私房景點，其位在蚵仔寮漁港的南側，遠眺可望見漁船在海上作業，漫步在沙灘，欣賞落日餘暉美景。

田媽媽戀戀蚵仔寮的主廚－孫基興原本是臺中高級飯店的行政總主廚，卸下主廚身分，來到梓官區漁會這裡經營戀戀蚵仔寮。在民國 98 年經梓官區漁會推薦，加入了田媽媽品牌經營團隊。

孫基興之前在飯店餐廳製作的料理比較注重於調味、外觀呈現，自從回來蚵仔寮之後，因為位處於漁港旁邊，客人也會想吃到最新鮮的料理，於是一改之前的觀點，堅持食材當天採購、維持新鮮，「鮮度」變成最注重的要素，與田媽媽「最好的食物是來自當季與在地」的精神相呼應。

「新鮮、健康」是他們給客人的承諾，孫基興靦腆的說：「把蚵仔寮最在地、最新鮮的料理呈現給喜歡新鮮美食的大家，享用我們的美食吃得到健康、低油、低鹽跟低糖的料理，把最完美的食物呈現給客人，讓他吃到最健康的食物。」以健康、新鮮為最大把關是他的承諾，致力給消費者吃到最棒的料理。所以漁船每天清晨 3 點到 5 點就會出港，大約中午就會返港，每天中午 12 點孫基興會親自到漁港漁市看今天有捕撈什麼魚貨。

選用在地食材紅目鰱，最好的調理方式就是煮湯，以蛤蠣高湯為基底，放入薑絲，

營運卓越賞

真香天菜賞

最優好物賞

養眼美照賞

創意料理賞

獨一無二賞

等高湯滾了之後再將紅目鰱放進鍋裡，加入少許的米酒提味，用小火慢煮不要讓魚太快熟成，約莫等五分鐘，一道鮮美魚湯就完成了。

招牌金沙軟絲條，使用鹹蛋黃將當天捕撈上岸，採購的軟絲炒香，軟絲的海味搭上鹹蛋黃的鹹香，酥炸後的滋味讓人食指大動，來店的客人都指名要這一道料理，可以說是必點美食。

有行政院農業委員會及梓官區漁會等各單位的輔導與協助，經營了十幾年的田媽媽戀戀蚵仔寮，在這次的場域輔導下，將餐廳大改造，換上了最新的牆面布置，明亮的布置以及鮮明的文字，讓一走進來店裡的客人一眼就可以看到招牌料理的特色，以及戀戀蚵仔寮的歷史軌跡，還新增了一句標語「整個漁港就是我們的大冰箱！！」符合「用在地的，吃最新鮮的」

思想理念，讓客人感受到戀戀蚵仔寮的新鮮堅持以及用心呈現，孫基興說：「在此非常感謝行政院農業委員會、農業科技研究院的協助，戀戀蚵仔寮將會繼續走下去，與田媽媽共創美好未來。」

特色餐點
燒烤軟絲
金沙軟絲條

特色食材
海鮮

聯繫資訊
高雄市梓官區漁港 2 路 32 號
07-6192554

周邊景點
蚵仔寮海邊沙灘
蚵仔寮漁港
蚵仔寮港觀光魚市

漁港
是一傳統生產地漁港，漁船凌晨出港作業，中午前漁船陸續返回港卸貨，為全國首座通過HACCP認證的魚市場。

戀戀～蚵仔寮田媽媽餐廳
主廚～阿興師為前台中僑園飯店主廚，帶著20多年精湛廚藝返鄉，98年加入田媽媽至今，田媽媽餐廳食材秉持嚴選在地船當日返港交易現撈漁獲、簡單料理，健康取向，提供民眾品嚐最正港蚵仔寮「鮮撈」海味。

田媽媽餐廳主廚
孫基

TAIWAN
KAOHSIUNG

最優好物賞

出門玩不帶點伴手禮怎麼可以！

來自田媽媽們在地優質原「農」味的精緻伴手禮，

是每逢佳節絕對不能錯過的田媽媽人氣商品。

新竹◎南寮

035-361497 0922-594509

菜頭粿
100元

南瓜粿
100元

菜包
25元

油飯
每斤80元

肉粽
40元

肉圓
140元

芋頭粿
每斤120元

玉荷圓米食坊

實現創業夢 手作米食餐點

南寮知名的南寮漁港漁產直銷中心,一樓是販售新鮮魚貨,二樓有代客料理的服務,可以品嘗新鮮海鮮料理。而從南寮漁港出發的新竹 17 公里海岸線自行車道,是新竹市政府為了活化濱海地區旅遊觀光,串連海岸景點,最北從南寮漁港開始沿途經過海天一線看海公園、香山濕地賞蟹步道、海山漁港景觀平台等等一直到自行車道終點,許多的景點以及美麗風景都不能錯過。

折返回南寮漁港後,玉荷圓米食坊位於附近的新竹市南寮市場,販賣傳統手工米食、點心,在這片廣大的「海鮮市場」中,闖出一條「米食道路」。不妨順路到玉荷圓米食坊,買些伴手禮,與親友一起分享。

在民國 85 年由劉明珠開始營業的玉荷圓米食坊,一開始是因為劉明珠工作的公司外移至大陸,而她在參加家政班研習之後對製作米食類餐點很有興趣,時常會分送親朋好友自己做的餐點,朋友也稱讚她、鼓勵她,因此興起了她開店的念頭。一開始對「綁肉粽」、「炊粿」等等一竅不通的劉明珠,沒有做過米食生意的她回憶當年經營情況,產品品質相對較不穩定,而且也不懂行銷,每天出攤時既緊張、又深怕產品賣不完。

因此劉明珠積極參加新竹區漁會家政班所開設的研習課程,讓自己的技術一直不斷的精進,由於參加家政班,會有機會參加各類研習,而且家政班會輔導考取各類証照,例如:丙級中餐証照、漿糰類証照、米漿類証照等等。劉明珠說:「真的很好很有幫助,」她也在家政班指導員的鼓勵下和想自我挑戰的情況下,在民國 95 年加入田媽媽品牌經營團隊,增加許多米食類餐點為主打販售品項。

玉荷圓米食坊以米食類餐點當作招牌,例如米粒類的產品,有油飯、肉粽、還有玉荷圓米食坊的主打商品:黑糯米糰又名玉荷圓。還有漿糰類的產品,有粿粽、菜包、年糕。以及米漿類的產品,有菜頭粿、芋頭粿、南瓜粿等等。料理中使用的豬肉為在地溫體的黑豬肉、在地小農種植的紅蘿蔔,以及劉明珠公公種植的芋頭,醃酸菜用的刈菜也是從公公菜園出品,劉明珠將其會做成菜包內餡。

經過行政院農業委員會每年聘請料理、食品加工及餐飲業學者專家組成現場輔導小組、輔導委員到田媽媽做現場診斷,從產品、服務現場擺飾、菜單、廚房設施,到整體動線規劃等面向提供建議。在 109 年「田媽媽場域改善及服務創新獎勵計畫」中,玉荷圓米食坊將店面煥然一新,原本只有攤位的玉荷圓米食坊,在這次的場域改善中建起木造外裝給客人文青乾淨舒服的感覺,客人也稱讚店面非常漂亮。「真的很感謝農委會,讓我在料理、食品安全

還有伴手禮的製作，上很多很好的課程，」也讓劉明珠夢想中的店面得以完成。

劉明珠的妹妹劉明玉也一起加入玉荷圓米食坊，用心維持玉荷圓米食坊品質。知名度上升，「東西好吃 CP 值高」是客人給他們的好評，還有客人要她去開課教他們廚藝。有了穩定的客源，最讓劉明珠感到欣慰的是客人會一直回流，還會將她們的餐點推薦給親戚朋友。

參加田媽媽品牌經營團隊之後劉明珠改善家庭的經濟、達成創業的夢想、實現自我的肯定，她說：「希望我們玉荷圓發展成家喻戶曉的米食坊，讓每位客人都吃的安心開心」。

特色餐點
紫米糕
綜合菜包

特色食材
米食

聯繫資訊
新竹市東大路四段 8 號
03-5366498

周邊景點
南寮漁港漁產直銷中心
新竹 17 公里海岸線車道（海天一線看海公園、香山濕地賞蟹步道、海山漁港景觀平台）

桑園工坊

堅持在地食材 重建美好家園

九二一大地震，因為南投縣國姓鄉為震央地區，當時災情嚴重，如山坡崩塌、屋瓦破碎，也有許多人撤離此處，桑園工坊的侯文玫與身為公務員的丈夫則是留在國姓鄉協助重建。經歷這一次的災變，留在鄉內的家政班班員們為了重建家園，強化自己的第二專長以備不時之需，參加南投縣國姓鄉農會舉辦的各項研習與訓練。

在行政院農業委員會為了輔導農家婦女發揮經營的潛能，運用在地農業資源經營副業，以開創收入來源，所成立的田媽媽品牌經營團隊，農會就以侯文玫為主的家政班，積極協助及輔導加入田媽媽品牌經營團隊，侯文玫說：「當時我以離家近、工時彈性、方便照料家庭並可增加收入為由邀集同好加入田媽媽，」在民國 95 年加入田媽媽品牌經營團隊，帶領一群婦女開始創業之路。

桑園工坊以農產品加工及烘焙為主，也在行政院農業委員會的輔導下，透過製作餐點、食品加工等的研習，加強田媽媽班員的技能，透過田媽媽的手藝，讓農產品的價值提升，讓農民也能受惠。目前主要食材以國姓鄉內的重點農產品為首要，有桑椹、青梅、橄欖、鳳梨等，而最好的食物是來自在地與當季，符合田媽媽使用在地農產品的精神，「田媽媽就是一個我自己敢吃的食物，才會做給消費者吃這個概念，」。侯文玫用在地產品製成的健康、天然食品，深受消費者喜愛。

桑園工坊主推商品是「紫蘇梅」，國姓鄉早年種植許多紫蘇，梅樹栽培面積則達 4,367 公頃，年產量約 2.3 萬公噸，冠於全國，約占臺灣全島二分之一（出自南投縣農特產品電子商務網 - 國姓鄉），青梅跟紫蘇都是優質的食材，藉由加工來讓「紫蘇梅」延長保存期限並提升它的附加價值。

營運卓越賞

真香天菜賞

最優好物賞

養眼美照賞

創意料理賞

獨一無二賞

桑椹果醬，使用田園裡的無毒桑椹，製成天然的桑椹果醬與桑椹汁，受消費者喜愛。

蜜橙雜糧麵包，以國姓鄉產銷班盛產時的柑橘，果皮使用在地農民所生產的蜂蜜醃製成「蜜橙」，搭配在雜糧麵包內，「可以為我們鄉內的柑橘農及蜂農推廣他們的產品，一舉數得，」侯文玫堅持使用在地食材，落實在地生產、在地消費的田媽媽精神。

侯文玫說「希望將養生又能促進身體健康的產品推廣給消費者食用，」她製作點心或加工農產品時，都堅持用天然方式製作，不添加香料與色素，例如：梅子、桑椹、鳳梨、芋頭只使用單純的鹽、糖、麥芽或蜂蜜，製成商品或內餡，成份天然，「健康取向為首是我們值得驕傲的堅持，」桑園工坊在高品質堅持下，回購率逐漸增加，業績也日漸成長。

特色餐點
酵素橄欖
紫蘇梅
紫蘇月餅
酸梅汁

特色食材
梅子
橄欖

聯繫資訊
南投縣國姓鄉國姓村1鄰成功街282巷22號
0933-181476

周邊景點
九二咖啡故事館
九份二山地震紀念園區
國姓北港溪溫泉區
糯米橋休閒農業區
福龜休閒農業區

在民國109年「田媽媽場域改善及服務創新獎勵計畫」在行政院農業委員會輔導老師現場診斷建議下,將原先是車庫的區域改為取貨區,並設置展售架,消費者讚譽有加,產品服務價值提高。

侯文玫與田媽媽們在加入田媽媽品牌經營團隊之後參加許多研習訓練,提升在製作、包裝、銷售等等環節的專業技能,也認知團隊合作的重要性。

桑園工坊因為有了媽媽們共同理念,堅持製作在地、天然、無添加化工品、健康養生的產品,侯文玫開心的說:「有許多消費者提到他們尋找這樣的產品許久市面上都找不到,更增加了我們的信心,」而新生代願意學習並接手經營田媽媽是他們最欣慰的事,共同期許桑園工坊能創造更美好的未來。

桑園工坊的產品有放置在今年開幕的「九二咖啡故事館」內部販售,此館是由南投縣國姓鄉農會透過中央補助,將閒置的辦公空間與有八十年歷史的公糧穀倉改建而成,不僅有賣國姓鄉在地精品咖啡,也提供更完善的農產品展銷場域。位於國姓鄉的「九份二山地震紀念園區」,因大自然的摧毀,讓地形產生劇烈變化,如:土石崩落後形成堰塞湖、朱姓居民的房屋因邊坡滑落而傾斜等等,成為地震學習教材與紀念園區。國姓北港溪溫泉區,溫泉水質透明,區內泡湯設備俱全,有溫泉SPA、溫泉游泳池等等,也開發出了弱鹼性碳酸冷泉,滿足遊客需求。不妨安排一天國姓鄉旅遊探訪歷史痕跡,享受溫泉、冷泉,順遊到桑園工坊購買伴手禮,為旅程劃下完美句點。

營運卓越賞
真香天菜賞
最優好物賞
養眼美照賞
創意料理賞
獨一無二賞

臺南市柳營區農會田媽媽

柳營鮮奶饅頭 食在安心又健康

臺南市柳營區位於嘉南平原，區內物產豐富，農作部分主要以生產稻米為主，是全臺灣數一數二的米倉，柳營酪農區飼養乳牛，也是柳營的重要產業之一，畜養量約占全國供應量約 1/6，因此柳營區的鮮奶、乳製品等等聲名遠播，消費者一想到鮮奶就會聯想到柳營。糖福印刷創意館是全臺保留最完整的活版印刷博物館，坐落於台糖新營廠區內，可以在此了解鉛字的歷史，以及 DIY 體驗活字印刷明信片。附近的「吳晉淮音樂紀念館」為知名臺灣著名歌謠作曲家及臺語歌手 - 吳晉淮故居改建而成，展出他的樂譜手稿、吉他等相關文物。這兩個地點離臺南市柳營區農會田媽媽車程大約四到五分鐘，到訪此處可順遊周邊景點，來一趟柳營小旅行。

柳營區農會在民國 90 年申請加入田媽媽品牌經營團隊，成立「ㄋㄋ寶傳統米麵食餐點」，由家政班媽媽所組成，初衷是為農村家政班媽媽培養出第二專長，用在地食材做出在地美食，期望活化在地經濟。在民國 109 年更名為「臺南市柳營區農會田媽媽」。

事實上，田媽媽們一開始根本不會做饅頭、捏包子，成品奇形怪狀，不論是外型上皺皺的或是發酵不完全等等。「這個過程中一定有非常害怕的時候，感覺沒有希望、沒有共識，一路走來非常艱辛，」臺南市柳營區農會指導員回憶當時依舊記憶猶新，「甚至還有班員帶麵糰回去，天天在夜深人靜時練習捏包子，我們聽到真的很感動」。

「但也是因為田媽媽，更凝聚了我們家政班的力量，」指導員笑說：「雖然當時很辛苦，

可是很奇怪的是，這些媽媽們每天都做得很開心、很用心」。田媽媽們真心希望能夠透過行政院農業委員會的輔導，還有農會的輔導，能夠打出名號、打響品牌。所以一開始也沒有太在意利潤，將包子、饅頭分享給朋友親戚。

臺南市柳營區農會田媽媽的產品是使用來自臺南柳營在地酪農每天運送的新鮮牛奶，由田媽媽手工製作鮮乳包子、饅頭，田媽媽研發出各式鮮乳包子、鮮乳饅頭有數十種口味，強調純鮮奶製作，不加一滴水。

經過快二十年田媽媽們累積實力，一開始只有一顆包子一顆饅頭，到現在已經有一、二十種口味，研發出多種口味。「養生饅頭」裡有五穀雜糧、南瓜子、核桃、杏仁、枸杞，有高營養價值；「黃金包子」裡的筍、肉、香菇等食材先炒香後再包進用南瓜製作的麵糰裡；「芝麻包」裡的芝麻餡料也是田媽媽親手熬成。聽取客人的意見，媽媽們發揮創意製造佳績，秉持田媽媽精神研發各種可口且具地方特色的風味產品。

在 109 年「田媽媽場域改善及服務創新獎勵計畫」中，臺南市柳營區農會田媽媽在店門口設置有趣的裝置藝術，例如：一隻 Q 版乳牛從牛奶桶倒出牛奶，另一隻 Q 版乳牛戴上蛙鏡跳進牛奶浴池，還有一隻 Q 版小牛則是拿著奶瓶。希望民眾到臺南市柳營區農會田媽媽時，可以結合打卡景點，推廣在地鮮乳美食，拓展知名度之餘，延續出在地農業旅遊。

特色餐點

牛奶饅頭
鮮乳肉包

特色食材

牛奶

聯繫資訊

臺南市柳營區士林村柳營路 2 段 77 號
06-6221248

周邊景點

糖福印刷創意館
吳晉淮音樂紀念館
八翁酪農專業區

鹽水意麵工坊

田媽媽轉型 製作道地鹽水意麵

一般人提到臺南鹽水第一個想到的就是「鹽水蜂炮」，其實除去蜂炮，提到鹽水還有非常知名的美食「鹽水意麵」。臺南鹽水是有名的臺灣意麵的發源地。意麵是一種以高筋麵粉、水、鴨蛋、鹽製出的麵條，據說由於在擀麵時必須出力，隨之發出「噫」的聲音，因此而稱為「意麵」(出自臺南市鹽水區公所)。

民國 92 年鹽水區農會為了幫助農村婦女轉型經營副業，創造更多農村婦女的就業機會，因此集合家政班班員加入田媽媽品牌經營團隊，成立「田媽媽美食坊」，主要運用鹽水區生產雜糧特性，生產包子及饅頭，如雜糧饅頭、鮮奶包子、鮮奶菜包等。

家政班指導員丁淑玲回憶當時的經營模式是交由田媽媽們自己經營，盈虧也是自己處理，農會在旁輔導而已。農村婦女的家政班媽媽們其實不太懂得經營，所以在理念方面也有摩擦，因此營運不佳準備結束營運，但是當時的推廣部主任就對丁淑玲說：「這是你一手推廣的，你甘心嗎？」丁淑玲瞬間醒悟，於是重新整合田媽媽家政班，改為農會旗下經營，轉型為現在的「鹽水意麵工坊」。

鹽水意麵工坊的產品秉持田媽媽精神，強調食品安全及原料在地化。主要產品為「傳統鹽水意麵」及「鹽水日曬意麵」兩項，兩者皆為鹽水意麵，鹽水日曬意麵另外融入了創新及在地包裝設計特色。

鹽水意麵因為製程不易，鹽水意麵工坊透過行政院農業委員會、鹽水區農會邀請國立嘉義大學食品科學系老師以及在地製作意麵老師傅，攜手輔導田媽媽班。製作過程中因為加入大量鴨蛋，使揉製麵糰時需耗費更多力氣。鹽水日曬意麵為新研發商品，使用臺灣生產小麥、在地玉米粉及本地鴨農的鴨蛋等，讓消費者可食用到安心在地產品，另外為消費者食用方便附上醬料包，可輕鬆料理，及時享受美味。

鹽水意麵工坊發展逐漸步上軌道，在 109 年更以「鹽水小旅行」為主軸，舉辦農業體驗活動，全臺各地遊客欣賞鹽水風貌，見證當年

一府二鹿三艋舺四月津的歷史，同時結合鹽水地區農特產品：鹽水意麵、玉米、番茄、洋香瓜、辣椒、秋葵等大面積農作，讓遊客走入農地，認識在地農產品。

自民國 92 年以來，鹽水意麵工坊參與多項輔導計畫，如農村婦女副業發展班、地方伴手禮產品開發計畫、農村地方美食計畫、在地特色化計畫及農遊元素特色化及優化等計畫，積極參與各項訓練增能課程，並於 108 年榮獲田媽媽班執行績效評鑑為績優獎、109 年獲得田媽媽場域改善及服務創新獎勵計畫補助。同年「田媽媽場域改善及服務創新獎勵計畫」中，將鹽水意麵工坊招牌更新，並將製造工坊場域翻新，期許以更好的服務帶給消費者食品安全保障，讓吃更有價值、更有健康，期許推動自然、社會與文化的反思。

特色餐點
鹽水日曬意麵

特色食材
意麵

聯繫資訊
臺南市鹽水區中山路 49 號
06-6521177#31

周邊景點
月津故事館
竹埔社區
橋南街

營運卓越賞

真香天菜賞

最優好物賞

養眼美照賞

創意料理賞

獨一無二賞

農特產水果酥
烘焙坊

山上區田媽媽 水果酥伴手禮揚名國外

臺南市山上區農村面臨高齡化與少子化困境，在人口外移的嚴重情況下，農村大環境日趨嚴峻，於是山上區農會在行政院農業委員會的輔導之下，於民國93年加入田媽媽品牌經營團隊，成立「農特產水果酥烘焙坊」。致力於培育農家婦女第二專長，輔導農家婦女發揮經營潛能及團隊經營的力量，並利用在地的農業資源經營副業，以休閒農業及地方特色食材等為主整合開發，以開創新的收入來源。

農特產水果酥烘焙坊主打運用在地盛產的水果加工製成的各式水果酥，例如：鳳梨酥、芒果酥、柚子酥、桑葚酥。鳳梨酥的鳳梨餡是使用山上區在地盛產的「臺農17號金鑽鳳梨」。綜合水果酥的柚子酥內餡向臺南市麻豆區農會購買，芒果酥的芒果則是向臺南市南化區的外銷供果園購買。食材皆來自臺南在地，落實在地生產、在地消費的飲食趨勢。

剛開始營運時還不太熟練，農會不定時舉辦廚藝課，也鼓勵田媽媽們取得廚藝證照，精進手藝，也時常學習新的料理知識，並透過行政院農業委員會聘請知名飯店廚師教導田媽媽們推出新產品。又因為大部分為純手工的關係，不論是切餡料或是包裝都是田媽媽手工，又加上人手缺少，生產速度不快，沒有充足貨量供應消費者，時常到了三節時期，田媽媽產品受到消費者的喜愛而有大量訂單，因為田媽媽堅持新鮮現做，而且為了衛生安全包裝要當天完成，導致需要動員田媽媽們加緊趕工，貨源常常造成供不應求的情況。

農特產水果酥烘焙坊的糕餅受到消費者的喜愛，消費者的肯定是他們的動力，「我們的鳳梨酥也受到日本客人的愛戴，特地寄到日

山上區因為這裡丘陵多，地形適合種植水果，以生產水果為大宗，例如：鳳梨、香蕉、木瓜、番石榴和火龍果等等都是山上區的特產，鳳梨更是山上區產量的大宗，種植面積約有二九三公頃。另外此地區的花卉產銷班也有種植白鶴芋、黃金葛等等觀賞植物。臺南市山上區農會輔導家政班員，運用在地食材製作手工點心，例如：鳳梨酥、芒果酥、芒果乾等等，以伴手禮行銷全臺，創造商機。

本讓日本客人品嚐，這對我們來說是很大的鼓勵和肯定!」還有田媽媽班員也跟我們分享她遠在國外的親戚也非常愛吃農特產水果酥烘焙坊的鳳梨酥。

家政班指導員郭佳綺說:「烘焙坊的媽媽們越來越有活力,他們時常說和大家聚在一起製作鳳梨酥的時間是最快樂的時光」。而在行政院農業委員會與指導老師輔導下,由原本的傳統烤箱升級為旋風式烤箱,一次可以烤出六大盤;切餡料也升級為機器輔助;民國109年「田媽媽場域改善及服務創新獎勵計畫」中,透過輔導老師建議將產品包裝改善,重新設計成符合時下風格包裝。

「農特產水果酥烘焙坊」預計著手擴大經營方向,規劃觀光工廠,將農特產水果酥烘焙坊更加完善,並融入食農教育,秉持著田媽媽「吃在地、遊當地結合農業旅遊」的精神,帶領大家認識在地農業,也讓更多人認識農特產水果酥烘焙坊。

特色餐點
鳳梨酥
芒果乾

特色食材
鳳梨

聯繫資訊
臺南市山上區山上里 238 號
06-5783649

周邊景點
臺南山上花園水道博物館
蘭科植物園
南瀛天文館

養眼美照賞

遼闊草原、湖光山色與碧海藍天，

擁有養眼美景的田媽媽餐廳，

吸引遊客上傳 IG 美照或是成為 FB 打卡點，

充滿療癒感且令人流連忘返。

秘密花園

徜徉祕密花園美麗景色

秘密花園幅員遼闊，自然生態得天獨厚、環境清幽，不只有餐廳，還有露營場地。大片的綠草地，牆邊的紫藤花，樹上的紅花，初夏時節池塘裡綻放荷花，花園種了許多四季的花草植物，可以盡情徜徉在大自然。

苗栗在地人也鮮少知道的祕密景點，由徐莉華夫婦與第二代鄭寧與她的哥哥鄭豪，在此經營的秘密花園位於苗栗幽靜的小山谷，四周被環繞山與充斥著芬多精的「香氣」。隱藏在山中，而西湖鄉的鄉民大多不知道有這個花園，因此取名為「秘密花園」。

原先是專營觀賞用葉盆栽的花卉農場的秘密花園，種植辦公室用來擺設的觀葉植物，後來因為工廠外移，盆栽銷售量減少甚至賣不出去，產業沒落，因此決定在民國 91 年轉型為休閒農業，同年秘密花園開始營運。

秘密花園的經營項目之中包含田園料理，但因為沒有相關的專業知識，在剛開始營業時有因為達不到客人的要求，而被指責的經驗。例如：餐點被客人要求低價位又要求有五星級的呈現。周邊設備環境是以鄉村古早味的方式呈現，卻又要求都會區的高價設備。「經過幾年熟能生巧，以及事前告知客人，大都可取得客人諒解」。

「我們需要田媽媽品牌經營團隊的優質師資，學習專業技巧」，在民國 92 年時加入田媽媽品牌經營團隊，田媽媽輔導有關料理技巧

營運卓越賞

真香天菜賞

最優好物賞

養眼美照賞

創意料理賞

獨一無二賞

方面、食品衛生安全、管理經營方面等等，提升相關知識，徐莉華與鄭寧對於田媽媽的課程感到受益良多，有了田媽媽品牌經營團隊的輔導營運漸漸步上軌道。

田媽媽帶給徐莉華與第二代鄭寧的感受是「優質、良心、在地特色、營養、美好，」秘密花園也延續田媽媽使用在地、當季食材精神繼續前進。料理使用在地食材，如西湖鄉在地生產黑山羊肉，雞肉是苗栗文山土雞，在地苗栗黑毛豬，鴨肉是與苗栗在地優質廠商購買，四季蔬果與苗栗在地小農購買。料理而成的客家醬鴨、香茅東坡與麻油雞，是秘密花園的招牌料理。

經過了田媽媽品牌經營團隊的輔導，經營到現在，「我們最開心的就是客人認同我們的餐點，每次出完餐給客人，客人吃完，收回來的盤子都是空的。」從原本對料理技巧較不熟悉到現在客人非常捧場將料理吃完，是他們最開心的事。徐莉華說「最大的喜悅就是我的二代願意傳承、接手」，現在漸漸交由第二代經營，「父母年紀大了，而且我喜歡」，鄭寧希望能將秘密花園經營成一座優質的農莊，期許帶給顧客更好的體驗。

特色餐點

香茅東坡肉
客家醬鴨

特色食材

香草

聯繫資訊

苗栗縣西湖鄉金獅村茶亭 6 號
037-923029

周邊景點

湖東休閒農業區

營運卓越賞

真香天菜賞

最優好物賞

養眼美照賞

創意料理賞

獨一無二賞

森林咖啡屋

被大自然環抱的森林咖啡屋

　　森林咖啡屋，位於臺中東勢林場，東勢林場的土地面積 212 公頃，隸屬彰化縣農會，秉持「親切、自然」的理念，採森林多角化經營，將東勢林場建設成自然生態的遊憩重鎮 (出自東勢林場森林遊樂區)。東勢林場一年四季的風景都不相同，有春櫻、夏桐、秋楓、冬梅四大主題，還有螢火蟲季、鳥類、蛙類等生態活動。森林咖啡屋就位於東勢林場內部，可以享受著、沐浴著芬多精，感受被大自然環抱，享用著餐點，視覺與味覺都有至高的享受。

當初森林咖啡屋推廣在地香草植物與田媽媽在地食材理念相符，於是積極申請加入田媽媽。民國94年加入田媽媽品牌經營團隊的森林咖啡屋，當初還是間小餐廳，主要以提供下午茶為主，餐廳能接待的人數大約只有十幾人。隨著東勢林場的觀光開發，十幾年過去了，遊客越來越多，森林咖啡屋的客人也越來越多，因為空間小，廚房也負擔不了多人數的餐點，經過田媽媽品牌經營團隊的輔導，歷經與輔導陪伴師多次的諮詢以及菜單調整，現在大約可以容納下二三百人，提供更精緻的中餐、下午茶甚至晚餐。

在109年行政院農業委員會「田媽媽場域改善及服務創新獎勵計畫」，將原本硬體設備的不足的廚房，添置烤箱、加上其他設備；原本從餐廳看得見的廚房，現在也用木頭圍籬圍住，整體煥然一新，工作人員動線也重新規劃，可以提供顧客優質的用餐環境。

田媽媽森林咖啡屋有自己種植香草植物，像是迷迭香、紫蘇、薄荷、芳香萬壽菊等等，皆不使用農藥。其中獵人爐烤香料半雞的香料就是使用自己栽種的香料植物，雞是使用東勢在地養殖，蔬菜也是使用當季農產，用新鮮現摘的香料更凸顯了烤雞的香味與美味。花草茶也是使用新鮮現摘的香草，自然的芬芳，入喉特別療癒。符合田媽媽使用在地食材、飲食三低一高的理念，食物要吃得有價值、有健康，落實在地生產、在地消費的飲食理念。

田媽媽森林咖啡屋現任經理張彩珊，秉持著田媽媽的精神，推廣在地食材、養身健康料理，「食物的好吃與否還是在於原味」，她認為食物不能有過多的添加物，才能吃出食物的營養與價值。在訪問時張彩珊經理跟我們分享了一個故事：一對夫妻在東勢林場這裡住了兩個禮拜，因為多接觸聊天後發現，原來是太太癌症生病，先生帶太太來養病。這兩個禮拜的時間，夫妻倆在林場中度過，三餐皆在森林咖啡屋中吃，也盡全力配合病人的情況，準備流質食物，每天採買不同的食材。四年後先生特地回來向森林咖啡屋道謝，他說「我太太回去後一個禮拜過世，她說在東勢林場的兩個禮拜是她最美的回憶。」張彩珊經理熱淚盈眶「這真的是我畢生難忘的事，看到客人很開心，我就很滿足。」

森林咖啡屋堅持使用在地食材以及開發在地食材，講求食材原味、製作養生料理。結合東勢林場四季景觀、文化與場內有設備完善的渡假小木屋、兒童遊樂場、露營烤肉區、會議室、全臺第一條森林浴健康步道、農特產展售中心等，增加顧客的互動，促進農業旅遊。

特色餐點
獵人爐烤香料半雞

特色食材
香草

聯繫資訊
臺中市東勢區勢林街6-1號
04-25872191#727

周邊景點
東勢林場
梨之鄉休閒農業區

營運卓越賞

真香天菜賞

最優好物賞

養眼美照賞

創意料理賞

獨一無二賞

陽光水棧

王功漁港鮮蚵 做出臺灣味創意料理

彰化縣的養殖漁業以文蛤、牡蠣、鱸魚、虱目魚、吳郭魚等等為大宗，農產以蘆筍為名。位於彰化芳苑的王功漁港有豐富的旅遊行程，可以搭著「海牛」牛車到潮間帶體驗生態之旅，更有觀光採蚵車探索私人蛤蠣區域與蚵田區域，並且有蚵田導覽，不僅有現剖鮮蚵品嘗，也有導覽員解說相關知識，讓遊客有得玩也有得吃。

位於王功漁港旁邊的陽光水棧，建築是藍白色系風格，其實是王功家政班洪金釵班長將家的養殖場重新整修一番，提供給熱愛料理的漁村家政班媽媽們使用，有得天獨厚的條件，以最新鮮的食材所做出的道地風味餐，例如蚵仔披薩、蛤蜊湯、炒蚵螺、清炒蘆筍、等等，也有提供漁村休閒咖啡產品，提升田媽媽陽光水棧的附加價值。班長洪金釵覺得自己開一家店，跟朋友一起喝咖啡、做料理是一件非常棒的事。

剛開始，洪金釵什麼都不懂，就一頭栽進餐廳營業，也不斷的投資在陽光水棧上，有一次當客人已經點好中餐，而廚師卻打算脫下廚師袍要走了，洪金釵說：「真的很難形容這個感覺。」她也只能為了客人而去低頭求廚師繼續做。經過這次的深刻體驗，洪金釵有了決定，

打算自己來、自己做，但因為對料理還不太熟悉，還是有請廚師「我請他當大廚，我當二廚」。

後來接觸田媽媽發現田媽媽的理念使用健康、安全的食材與自己的想法一致，毅然決然決定加入由農委會輔導的田媽媽團隊。家政班班員也是好夥伴的曾云表示後來發現這樣在運送上的新鮮程度不是那麼好。加入田媽媽品牌，經過田媽媽品牌經營團隊輔導之後，了解運用當地食材，食材方面的新鮮才看得到，

也在田媽媽品牌經營團隊的教導下，學會如何運用當地食材，將當地食材發揮出最好的特色。

料理以「鮮蚵披薩」在 103 年獲得十大招牌菜，使用在地鮮蚵，當天從蚵籠取回，不泡水，富有天然的鮮美海味，不需要額外用鹽調味。使用彰化芳苑在地白蘆筍，當天現挖，與在地養殖的蛤蠣清炒，做成清淡的蘆筍炒蛤蠣。蚵仔的天敵——蚵螺，蚵螺會分泌一種酸

營運卓越賞

真香天菜賞

最優好物賞

養眼美照賞

創意料理賞

獨一無二賞

性的化殼液，再利用觸角鑽入蚵殼吸食蚵肉，天敵也被拿來入菜，洪金釵笑說「鮮蚵如果很瘦，蚵螺就會很肥美」。而班員們為了使餐點更具特色，想更加強調漁村料理風格，彼此常常互相試菜，也參加專業輔導課程，用心學習、鑽研出健康又好吃的料理。加入田媽媽之後家政班成員們，有接受管理的教育、料理的精進，有很大的躍進。

場域改善在這幾年各方面的環境、餐廳的設備、餐具都有更新，料理擺盤也在輔導陪伴師指導後更精緻，顧客表示在各方面有明顯的改善，「謝謝客人給我們的肯定！」

陽光水棧加入田媽媽品牌經營團隊後領悟到，「我們要做出臺灣味料理，中心理念是以健康、新鮮、在地食材為主旨，使用有產銷履歷的食材，還可以幫助我們農民的銷量，也給農村婦女就業機會，」品嚐美食不再只是吃，而是更進一步對自然、社會與文化的反思。在其中更要有熱忱，要有無數的堅持，要有續航力，做出更好的品牌。洪金釵與曾云，互相扶持，打算召集更多有相同興致的好朋友，推廣在地食材，「繼續走這條路，到不能做為止」，希望大家可以吃到美味有健康的料理。

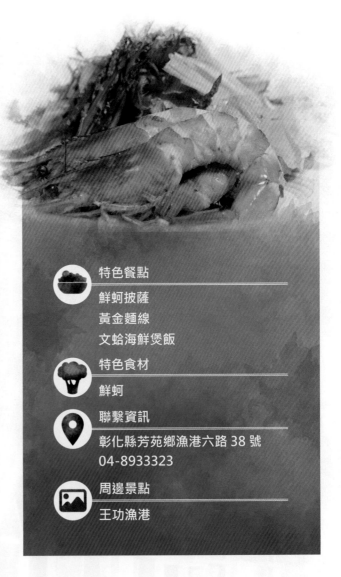

● 特色餐點

鮮蚵披薩
黃金麵線
文蛤海鮮煲飯

● 特色食材

鮮蚵

● 聯繫資訊

彰化縣芳苑鄉漁港六路 38 號
04-8933323

● 周邊景點

王功漁港

臺江美食棧

四草美食觀光一手抓
享受綠色隧道與鮮蚵美味

「吃在地、遊當地」結合農業旅遊，強化在地美食的內涵，田媽媽結合在地農村景觀、文化，解說在地文化及故事，增加與顧客的互動，也鼓勵顧客到周邊的景點旅遊。對於四草觀光，在自然人文以及歷史方面，都有非常豐富的資源，臺江美食棧主人林東鋒推薦四草綠色隧道，兩旁的紅樹林向中央生長，乘上管筏，由紅樹林一層一層向前方疊出深邃的廊道，四草綠隧也因此有了小亞馬遜之稱 (出自臺南旅遊網)。四草大眾廟為地區的信仰中心。還有二級古蹟四草砲台，以及台江國家公園高腳屋、鹽水溪口濕地、四草漁港等等，觀賞四草生態與歷史人文，遊玩四草後也可以順路到臺江美食棧享用美食。

營運卓越賞

真香天菜賞

最優好物賞

養眼美照賞

創意料理賞

獨一無二賞

四草目前最主要的漁業產業的部分是以蚵仔為主，四草的蚵仔產季以過年前到端午節這個時候最多，約佔整個臺灣一半以上，從最古早的養殖方式到「垂吊式」的養殖方式，這幾十年來養殖技術一直在進步，蚵仔的產值越來越大。

臺江美食棧主推蚵仔料理，如：鮮蚵炒麵線，而蚵仔的產地就在四草，吃得到最新鮮的蚵仔。

虱目魚也是主推之一，也是四草在地生產，配上安南區鹽分地帶的西瓜綿與虱目魚肚煮出的「西瓜綿虱目魚湯」。西瓜綿，是取用未成熟的小西瓜，以鹽巴醃漬而成的醃瓜，是古早的醃漬食物。在每年春季，西瓜開始生長，一株多半有多顆的西瓜果實，為了讓植物的養分能夠集中吸收，西瓜農戶大多會將植株進行疏果，淘汰少量狀況不佳的瓜，讓植株僅保留下 1、2 顆西瓜果實，摘下的未成熟的西瓜，進行加工醃漬成為西瓜綿。

另外有零星的養殖像白蝦、虱目魚、鱸魚，也是臺江美食棧會入菜的食材，如：鹽焗鮮蝦、

糖醋葡萄鱸魚等等，善用在地食材做出美味料理。

在加入田媽媽之前臺江美食棧的主人林東鋒說「覺得我們是在單打獨鬥，」在民國 99 年申請加入田媽媽，在 100 年完成申請。現在有行政院農業委員會、農業科技研究院以及各級的單位幫助，林東鋒也會參加各種研習輔導課程，在這之中學習經營技巧，在管理上有更多的進步。

109 年行政院農業委員會「田媽媽場域改善及服務創新獎勵計畫」，臺江美食棧注重在看板以及打卡點，製作臺江美食棧簡介、更新菜單，不只能夠讓遊客認識田媽媽餐廳，還能在享用美食的同時，更加了解四草這個地方的遊程、產業。

這幾年從一開始加入田媽媽後，林東鋒不斷改進經營方式，菜色部分也在做加強，一開始臺江美食棧屬於小眾簡單的經營模式，經過每年田媽媽品牌經營團隊的輔導課程、專家學者的評鑑以及農委會田媽媽輔導陪伴師的菜色推薦，臺江美食棧近幾年設計合菜菜單，推出了合菜，「因此有一台一台的遊覽車來包我們的菜吃，」增加客源，林東鋒非常感謝行政院農業委員會與田媽媽品牌經營團隊的指導，期盼臺江美食棧走向更美好的未來。

特色餐點
鮮蚵炒麵線
烏魚子炒飯

特色食材
蚵仔
烏魚子

聯繫資訊
臺南市安南區四草里大眾路 360-6 號
06-2842427

周邊景點
四草綠色隧道
台江國家公園高腳屋

青山農場

金針美景配上金針美味 一飽眼福與口福

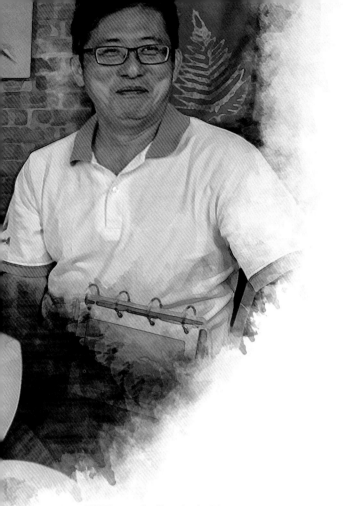

還有不同花卉可以欣賞，每年都可以吸引上萬的遊客。金針山的天然資源非常豐富，有高山、溪流、瀑布峽谷等景觀可欣賞，太麻里又有「日昇之鄉」的美名，吸引遊客觀賞日出。

青山農場轉型為休閒農業是由第二代蔡政銘的父親蔡青山創立。農場建築於民國 56 年搭建而成，當時是金針乾燥加工廠，也是工人暫時歇息的場所，蔡青山在民國 87 年將父親留下的金針加工廠加以整理，轉型為休閒農業，發展田園料理。現在則交由第二代蔡政銘與鄭淑芬夫婦接手。

田媽媽所提倡的食品安全、用餐環境整潔等等與青山農場的理念相契合，藉由田媽媽家政班身分在民國 103 年加入田媽媽品牌經營團隊。田媽媽品牌經營團隊會有專業的指導老師、顧問教學經營方面、食品安全方面、與料理方面，鄭淑芬說：「雖然我很會讀書，可是我不太會煮菜，」她也因此學習到料理方面相關知識，通過田媽媽品牌經營團隊每兩年的嚴格審查，學習田媽媽理念「運用在地的新鮮食材，打造低油、低鹽、低糖及高纖的健康餐桌」。

青山農場食材大多來自金針山山區栽種的金針花、生薑、茶葉及四季蔬菜，如山蘇、龍鬚菜和山芹菜等，以及太麻里地區的作物洛神花、樹豆、波羅蜜、釋迦等蔬果。「金針香菇雞湯」使用當地玉米雞以及當地種植的高山金針花，經過安全處理，沒有二氧化硫，非常受遊客喜愛。「碧玉筍炒菇」碧玉筍為金針的嫩莖葉的部位，一年四季都有。這道菜的研發是在轉型初期，因為青山農場在金針花開時遊客會非常多，而其他時間遊客較少上到金針山，「同樣的金針園，要找出其他元素，一年四季都可以給遊客體驗」，蔡政銘發想出提供遊客

民國 47 年「八七水災」之後，當時嘉義梅山地區的民眾，因臺灣中部災情嚴重，而移居到金針山開墾，帶來梅山的金針苗到此種植，為金針山栽植金針之始。

金針山溫度低，濕度大，地勢也高，因此金針產量豐富。但在民國 79 年，金針利潤逐漸消失，金針山的金針花漸漸被廢耕或轉作。為了轉型帶動產業發展，太麻里舉辦「千禧年迎曙光活動」吸引數萬人進入太麻里，成功打響了太麻里與金針山的知名度。於民國 90 年，行政院農委會將太麻里金針山編定為「金針山休閒農業區」，也是最早成立的休閒農業區之一。

位於臺東金針山休閒農業區的田媽媽青山農場，享有整片的金針花海，在金針的產季裡，四周可見金針花海，每年 4-5 月是金針山地區的百合花季，8 月為忘憂花季，不同時節

營運卓越賞

真香天菜賞

最優好物賞

養眼美照賞

創意料理賞

獨一無二賞

一年四季都可以體驗採收碧玉筍，讓大家知道金針不是只有花可以吃。田媽媽料理也會使用碧玉筍入菜，做出多樣變化。也有金針蹄膀、金針煎蛋等等，使用在地食材變化出特色農家料理，也會不定時推出手工肉桂薑餅、洛神老薑糖等等，實現地產地消的飲食理想。

在 109 年「田媽媽場域改善及服務創新獎勵計畫」中，將在地產業與特色食材製作圖文簡介，製作牆面食農教育展示看板，並將田媽媽簡介看板更新，呈現場域特色。為了延續農場歷史感，特別請藤編老師傅編出背板，製作出了點菜區的展示牌。

從金針農場轉型為休閒農業與田媽媽餐廳，「這一路上也很感謝行政院農業委員會與農業科技研究院的協助，」將青山農場的要領、特色展現，更符合遊客的需求。青山農場的努力也獲得肯定，在 104 年度田媽媽執行績效評鑑，獲得特優、106 年度田媽媽績效評鑑，

獲得卓越獎、106 年度地區績優農民團體，等等。青山農場期許更多遊客可以來到金針山遊玩，觀賞一年四季不同美景，品嘗在地金針美味料理。

特色餐點
金針香菇雞湯
金針烘蛋

特色食材
金針花

聯繫資訊
臺東縣太麻里鄉大王村佳崙 196 號
089-781677

周邊景點
金針山休閒農業區
天山農場金針花海
青山農場繡球花海

創意料理賞

田媽媽發揮創意,

以「在地食材在地用」碰撞出別出心裁的美食組合,

表現獨特性在地料理,

且精緻的擺盤讓饕客驚豔,

口味也兼具美味與健康。

玉露茶園

茶香入味 創意茶葉料理

　　臺灣是有名的產茶寶地，像是金萱茶、烏龍茶、臺灣綠茶等等，都是大家耳熟能詳的茶品。宜蘭的茶以「玉蘭茶」為首選，產自大同鄉玉蘭村、松羅村，因位處高山地區，培育出特有香氣，金黃色的茶湯，芳香回甘，打出「玉蘭茶」好名聲。其中，能將宜蘭好茶自產自銷，經過田媽媽的指導，將創意融入特色料理之中的特色店家，那就是玉露茶園。

早期玉露茶園是以種植茶葉、批發買賣為主，但是後來受到進口茶的影響，於是開始找尋另外的出路。在宜蘭三星區農會的輔導下，玉露茶園加入由行政院農業委員會推動成立的「田媽媽品牌經營團隊」，由餐飲業、經營管理方面學者專家，組成輔導陪伴師，教導茶農婦女茶葉產品的製作、休閒農業的經營概念等等，玉露茶園結合在地農特產品與茶葉，創造茶餐料理。

有了田媽媽品牌經營團隊輔導改善，就又想做到更好，在早期從茶廠剛轉型成餐廳時，經營理念上跟客人的觀念有衝突，當時餐廳的規劃還沒有那麼完善，在客人來的時候，要把放在餐廳的雜物推到邊角用簾子遮住。整天都在思考該如何重新規劃用餐環境。連素芬說：「最一開始心情方面需要一直調整，但是後來有了資金可以運用，還有農委會田媽媽的指導，公公就想把最好的用餐環境呈現給客人。」用心的整理帶來的環境的改變，也贏來了客人大力稱讚。茶廠在田媽媽品牌經營團隊一步步的指導下逐漸形成了如今玉露茶園的餐廳風貌。

為了將料理安心端給客人享用，從製茶開始到料理上桌，都是由連素芬一家人親手操作，連素芬說：「端給客人的部分是我處理的，茶葉生產的部分是由我先生跟小叔」，一家人分工合作、同心協力完成茶餐料理。

蜜香紅茶燻鴨，選用的是宜蘭在地飼養的宜蘭鴨，用親手種出的紅茶葉製作出的紅茶高湯，將鴨肉浸泡、烹調，再以黑糖和紅茶煙燻。燻鴨表皮金黃亮麗，帶有煙燻香味，肉質鮮甜且不油膩。

茶香虎咬豬，刈包皮是傳統手工製作，選用了自家生產的「有機蜜香紅茶粉」以及「有機綠茶粉」，揉進麵糰裡，跟市面上的白色刈包不同，品嘗時茶香會慢慢擴散在口中。刈包中的靈魂人物—控肉是選用上等三層肉，經過油炸後與烏龍茶拌炒，最後與客家朴菜一起清蒸。

玉露茶園自民國 102 榮獲製茶廠環境衛生安全評鑑特優五星茶廠；民國 103 年餐廳業衛生分級評核得到優等之後；民國 105 到 109 年餐廳業衛生分級評核也皆為優等；民國 106、108 年更獲得宜蘭縣宜蘭有機茶品級評鑑，榮獲有機茶王；民國 107 年也獲得休閒農業的合格證書。成長不止步的玉露茶園，年年都要求自己更加進步，有了田媽媽的指導與輔導，茶廠的改善以及茶葉料理的製作，皆獲得客人的大力讚賞，而連素芬也期盼能有更多的人可以一起加入有機產業以及休閒農業，推廣給更多人知道。

特色餐點
烏龍燻茶鴨

特色食材
茶葉

聯繫資訊
宜蘭縣大同鄉松羅村鹿場路 10-2 號
03-9506391

周邊景點
九寮溪生態園區
玉蘭休閒農業區
松羅湖登山口

牛奶故鄉餐坊

牧場轉型休閒農場
開發鮮奶創意料理

　　苗栗縣造橋鄉地區因為多為丘陵地，對於耕作農作物較不易，但是此區氣候溫和，適合專門餵食乳牛的「盤固拉草」生長，所以在造橋地區有相當多的乳牛，幾十年來，造橋地區的民眾多以酪農業為主，也是此區的重點產業，為他們帶來多年榮景。

營運卓越賞

真香天菜賞

最優好物賞

養眼美照賞

創意料理賞

獨一無二賞

距離高鐵苗栗站車程只要五分鐘的牛奶故鄉餐坊，是周末假日好去處，距離附近知名景點苗栗客家圓樓只要七分鐘車程，此處設有「環池步道」、「弧形觀景平台」以及「親水棧道」等等，也有客家相關展演活動，深度探訪客家文化。還可以在造橋木炭博物館，瞭解為何造橋鄉早期有「炭的故鄉」的美名，不妨在週末假日安排一趟苗栗造橋小旅行。

民國 65 年開始營業的苗翔牧場，占地約 4 公頃，場內有牧草地以及約 180 頭乳牛。因應加入 WTO 的衝擊加上農業結構的改變，在民國 93 年在行政院農業委員會的輔導之下，加入田媽媽品牌經營團隊，轉型成牛奶故鄉餐坊。轉型成牛奶故鄉餐坊後，從原本單純的牧場經營者，走向開放客人體驗擠牛奶，還有乳牛生態解說的課程，也有開放 DIY 體驗，擁有完善的休閒服務。

轉型成休閒農場的牛奶故鄉餐坊，客源也越來越多，黃紅桃使用的都是在地食材，秉持田媽媽使用在地食材、新鮮食材的精神，以及三低一高健康烹調概念，研發具地方特色的風味牛奶料理，也因此客人聽到田媽媽就覺得很安心。

休閒農場的客源大部分集中在假日，平日客源不穩定，所以在行政院農業委員會與苗栗縣造橋鄉農會的輔導下，牛奶故鄉餐坊積極接辦，機關團體在非假日舉辦會議聚餐的合菜或是團體、公司行號訂購乳製品外送，增加收入。

牧場自己有生產純鮮奶，產品有鮮奶紅豆雪糕、南瓜牛奶雪糕、純鮮奶酪。

南瓜牛奶鍋是牛奶故鄉餐坊的主打特色料理，使用自家出產的牛奶與南瓜，配菜也是以牧場種植的蔬菜為主例如地瓜葉、小白菜、青江菜。以及使用在地栽種的南瓜，做成的創意料理鹹蛋南瓜。因為客人的好評，對餐廳經營越來越有興趣的黃紅桃說：「客人吃光光我就很開心，」客人給她的支持是她的動力來源。

在經過十幾年的經營，從原本單純的牧場經營，在輔導過程中研發出在地創意料理，到直接面對消費者的批評，最令她高興的是給她指教的客人，久而久之都變朋友了，這些都是她前進的養分。

特色餐點
純鮮奶火鍋

特色食材
牛奶

聯繫資訊
苗栗縣造橋鄉豐湖村 5 鄰上山下
2 號
037-561126

周邊景點
苗栗客家圓樓
造橋木炭博物館

營運卓越賞

真香天菜賞

最優好物賞

養眼美照賞

創意料理賞

獨一無二賞

巧軒餐館

紅棗園裡的餐廳
使用在地食材創出好料理

公館的紅棗歷史由石墻村的陳煥南開始，他是臺灣種植紅棗的第一人。1875 年，他的朋友攜來兩株紅棗樹種苗送給他，他種在自家庭院裡，這兩株就是公館紅棗樹的始祖（出自公館鄉農會）。巧軒餐館距離高鐵苗栗站約二十分鐘車程，途經「五穀文化村」與「苗栗特色館」，「五穀文化村」為陶藝工坊，可體驗 DIY 活動：彩繪陶瓷、客家五穀擂茶；「苗栗特色館」原為苗栗縣推廣本地早期特色產業苦茶油、樟腦油等等，現以「苗栗陶瓷博物館」為主軸，收藏苗栗歷史陶瓷文物，並有苗栗窯以及木炭窯。前往巧軒餐館飽餐一頓前，可順遊苗栗特色景點。

巧軒餐館成立於民國 96 年，原本在苗栗市區承租店面經營餐廳約十四年，從小生意做到五十幾桌的規模，長期投入在事業上，讓賴如玉重新思考人生的下一步，為了平衡生活與家庭的重心，於是決定返回家鄉石墻村，開設夢想餐館，在自家的紅棗園裡開設餐廳，客人可以安心、悠閒的享用佳餚。

回故鄉後賴如玉加入公館鄉農會輔導的家政班，學習到烹飪技巧及農產品加工知識等等，在石牆村家政班邱班長的鼓勵及推薦下，在民國 99 年申請加入田媽媽品牌經營團隊，接受行政院農業委員會的輔導。「實地勘查時指導老師們很專業，一看就知道我們可改善的空間，給了很多精準的建議，」行政院農業委員會帶領輔導陪伴師指導巧軒餐館與高標準接軌，例如：冰箱食材明確分類、運用在地食材提供特色餐點、兼顧環境友善與餐廳衛生安全等。賴如玉根據輔導陪伴師的建議改善，增加使用自家紅棗果園所生產的紅棗、在地農民的芋頭製作特色餐點，使用在地食材，不僅可以幫助農民銷售農作物，還製作出在別的地方吃不到的料理。

營運卓越賞

真香天菜賞

最優好物賞

養眼美照賞

創意料理賞

獨一無二賞

香煎芋糕，是巧軒餐館的招牌菜色，使用公館鄉當地契作的無毒芋頭，加上現磨的在來米漿和香菇、絞肉、油蔥及蝦米製成，內裡鬆軟，散發芋頭香氣。手工韭菜水餃，使用自家種的韭菜包成；紅棗炒飯，將紅棗乾切末炒飯；紅棗香腸，則是使用在地紅棗露加上上等的黑豬肉製成，吃香腸時除了豬肉香之外，還多了淡淡的紅棗露香，客人常常會再另外購買回家當伴手禮。

因為新型冠狀病毒疫情的影響，客人減少外出用餐的次數，此時巧軒餐館參與了行政院農業委員會輔導場域改善及伴手禮優化，而巧軒餐館利用這個時間讓環境更優質，疫情期間，可以外帶的手工韭菜水餃與香煎芋糕也廣受好評。民國 109 年的「田媽媽場域改善及服務創新獎勵計畫」，為了加強環境衛生及防疫安全，新增消毒機，以及更新餐廳招牌，加強田媽媽意象，帶給客人更佳的環境。

「參加田媽媽不僅讓我們業績成長，還有許多的課程安排使我們精進，讓我們對食材更加瞭解及靈活運用，學到各種食材搭配及不同的烹調方式」。也因此巧軒餐館在民國 103 年以香煎芋糕榮獲田媽媽十大招牌菜、民國 105 年獲得百大伴手禮。技術的進步，加上客人的支持，提升餐廳營業額，巧軒餐館也期望多元化發展，朝向強化電商平台服務，行銷伴手禮到全國。

特色餐點
紅棗香腸
芋頭糕

特色食材
紅棗、芋頭

聯繫資訊
苗栗縣公館鄉石墻村 11 鄰 223-1 號
037-226868

周邊景點
五穀文化村
苗栗特色館
黃金小鎮休閒農業區

古道廚娘

運用阿里山在地食材
廚娘研發創意筍料理

古道廚娘位於嘉義阿里山奮起湖火車站附近，餐廳純樸溫馨。店名會取為古道廚娘，是因為入口處即是「糕仔崁古道」，此處為早期農民販賣物品行進道路。奮起湖舊稱「畚箕湖」，因為形如畚箕，在這裡有全臺海拔最高的奮起湖老街，還有阿里山森林鐵路本線的最大站—奮起湖車站，另外奮起湖車庫則陳列18號與29號舊式蒸汽火車，珍藏許多老照片。「大凍山觀日峰」是觀賞日出的著名景點。造訪阿里山風景區時，可順道田媽媽古道廚娘品嘗阿里山在地美味料理。

原先在天主教餐廳工作的陳素抹，在行政院農業委員會與嘉義縣竹崎地區農會的輔導下，後來加入田媽媽品牌經營團隊，開始在鐵路旁邊開始營業自己的餐廳，但在民國92年因為土地受限的關係，店被拆除，陳素抹憑著毅力、推廣在地食材的想法，以及顧客的支持與鼓勵下，移動到現在古道廚娘的位置。

位於阿里山的古道廚娘，這邊若是風雨太大或有颱風，遊客很少會上山，陳素抹利用這個時間，做一些加工的食品，研究新的菜色，例如：芥蘭菜乾獅子頭，栽種太多的在地芥藍菜，拿去曬乾，曬乾後與在地黑豬肉做成獅子丸。

為了推廣當地的筍子，古道廚娘發揮創意將各種菜色搭配筍子，創造出高達45種的筍

營運卓越賞

真香天菜賞

最優好物賞

養眼美照賞

創意料理賞

獨一無二賞

子餐，不僅不失原本料理的美味，口感更加鮮甜清爽。

玉脂涼筍，使用阿里山的特產「轎篙筍」製作，「肉質豐厚、纖維柔軟、滋味清甜」是眾人對其高度讚賞，使用一整根轎篙筍帶殼煮熟，使用冰塊冰鎮，沒有過多的調味，吃得到筍子的鮮甜。陳素抹自豪地說：「這種吃法只有我們這裡才有」。也有真空包裝的新鮮轎篙筍供客人帶回享用。

茶香茗排，曾經得過特色小吃料理比賽金牌，使用黑毛豬肉，以烏龍茶茶湯浸泡排骨去腥味，浸泡後的排骨會先去過油，再用醬油、味淋、紅糖調味熬煮，最後撒上用金萱茶葉製作的茶鬆和白芝麻，排骨與茶香的結合，充滿創意與新奇。

陳素抹表示在參加田媽媽品牌經營團隊之前學習管道只有電視節目、買食譜書回來翻閱，「加入田媽媽之後我們就積極的參加課程，去上課是我最開心的事，」每次上課總是熱情提問的陳素抹，會使用阿里山在地的農產，研究出新的菜色、新的料理，客人也給予高度讚賞。

陳素抹也很感謝行政院農業委員會給予她加入田媽媽品牌經營團隊機會，在行政院農業委員會、農業科技研究院和所有的輔導老師的指導下，她希望自己的廚藝再更加進步，以期給客人更好的料理。因為她的認真努力，古道廚娘也漸漸打出名號，在民國 103 年以「山葵豆腐」入選田媽媽十大招牌菜。陳素抹也很高興她的媳婦願意繼承她的衣缽，繼續將古道廚娘發展下去、發揚光大。

特色餐點
冬筍捲
鹹愛玉
茶香茗排
玉脂涼筍

特色食材
愛玉

聯繫資訊
嘉義縣竹崎鄉中和村奮起湖 165-2 號（奮起湖鐵道旁）
05-2561645

周邊景點
奮起湖
奮起湖車站
大凍山觀日峰

營運卓越賞

真香天菜賞

最優好物賞

養眼美照賞

創意料理賞

獨一無二賞

官豐美食餐廳

官田菱角美味料理 大受當地人喜愛

官田區有名的景點—葫蘆埤自然公園，散步於環埤步道，欣賞湖光水色。中午可以到車程距離約五分鐘的官豐美食餐廳，享用菱角特色料理。下午去有「小陽明山」之稱的川文山森林生態保育農場，車程約八分鐘，優游市區內的綠意盎然，欣賞百年老榕樹枝葉繁盛。

官豐美食餐廳原本是臺南市官田區農會的員工餐廳，因為乾淨、整潔的環境，使用在地食材，以及健康的烹調手法，深受當地居民推崇，所以應大家的熱烈要求成為開放式的社區餐廳。且在行政院農業委員會的輔導之下，官豐美食餐廳加入田媽媽品牌經營團隊，以三低一高：低油、低鹽、低糖、高纖維的健康概念，研發在地特色的菱角風味料理，且秉持田媽媽精神使用在地食材菱角，當作主要特色，創造多樣菱角料理。

營運卓越賞

真香天菜賞

最優好物賞

養眼美照賞

創意料理賞

獨一無二賞

官田有名的菱角是餐廳的主打特色，在九到十二月份是菱角的盛產期，因為官田有高品質烏山頭水源的完整灌溉系統，因此菱角品質也很高，主要栽培兩角菱及四角菱。官豐美食餐廳以自助餐方式提供顧客消費，使用當季在地菱角與在地青農栽種食材煮成各式料理，例如：菱角排骨湯、清炒菱角食蔬，還有官田區農會提供「蒸菱角」宅配服務，消費者在家也可以吃得到官田菱角的美味。

在民國 109 年行政院農業委員會的「田媽媽場域改善及服務創新獎勵計畫」中，官豐美食餐廳將餐廳橫招牌、直招牌換新，製作牆面輸出圖，以介紹田媽媽與官田區，增加顧客在地印象，在室內空間營造綠色環境，致力給顧客最佳餐飲體驗。

官豐美食餐廳成為開放式社區餐廳後，不只民眾喜愛光臨，連退休人員也捨不得這個好滋味，頻頻回來享用官豐美食餐廳的菱角大餐，廣為在地人所知。陸續開創多樣在地創意料理，秉持提供給顧客最在地的滋味，且田媽媽們製作的菜色家常純樸，富有家鄉滋味，更令人覺得親切溫暖。

 特色餐點

清炒菱角食蔬

 特色食材

菱角

 聯繫資訊

臺南市官田區隆田村文化街 25 號
06-5791221

 周邊景點

葫蘆埤自然公園
川文山森林生態保育農場
水雉生態教育園區

獨一無二賞

「過了這個村，沒有這一味」的田媽媽在地美食，

用心讓饕客品嚐與眾不同的風味特色料理，

是不能錯過的美味。

泰雅風味館

發揚泰雅原民料理 創新不會停止

距離泰雅風味館約車程 20 分鐘的棲蘭森林遊樂區，地處三條溪流蘭陽溪、多望溪及田古爾溪的匯流處，此處森林美景枝繁葉茂、花木扶疏，終年飄渺煙嵐更有民眾稱之為「精靈之地」，園區內有著名的森林浴步道、蔣公行館、櫻杏桃梅步道以及三川匯流觀景台等，都是特有的美麗景色。享用泰雅風味館原住民創意料理後，不妨來此處吸收芬多精，欣賞大自然美景。

泰雅風味館的主人陳吳美玉，在民國 90 開始營業泰雅風味館，秉持的原住民泰雅族祖先留下的訓示與行事規範 (gaga) 的精神，她了讓大眾對原住民料理是打野味、用手抓、喝酒等等的印象改觀，創造出在地食材製作的原住民創新料理。食材刺蔥以及馬告，都是要去山上深山裡採集，虔誠的陳吳美玉說常常要祈禱著找的到食材。泰雅族的食材從山里面取得，使用在地食材，符合田媽媽精神。這些食材取得，源自於泰雅族祖先相傳，經過陳吳美玉的改造，呈現新風貌。

泰雅風味館著名的料理像是有炸昭和草 (喜那) 配上經典的馬告香腸。昭和草是從日本引進臺灣的，由於它的口感與味道非常類似茼蒿，因此又稱作野生茼蒿或山茼蒿。昭和草在阿美族中相傳是發動第二次世界大戰時，因為昭和草是適應環境的高手且繁殖力非常強，可以當作蔬菜食用，於是日本人將其引進，當時約是日治時期 (大正、昭和)，因此就叫做昭和草。(出自 TEIA 台灣環境資訊協會)。馬告則是中文名稱為「山胡椒」的一種香料，充滿胡椒與薑的氣味，也是許多原住民族傳統飲食裡的常用且重要的香料，陳吳美玉的創意發想將它混入香腸。

隱身在宜蘭蘭陽溪山谷的泰雅風味館田媽媽餐廳，源自於泰雅族祖先一脈相承，原住民傳統食材可以說靠山吃山，以農耕與狩獵維生，生產農作物有小米、黍類等，肉類是狩獵所獲，皆是以食物原形為主較多。連結三星鄉與大同鄉的泰雅大橋，設計以天青色拉弓造型的路燈，取自泰雅族「天弓」說，紅棕褐三色菱形圖騰等裝飾，結合泰雅文化與現代藝術。

「香蕉糕」，祖先原是用香蕉葉包著蒸，陳吳美玉認為不美觀且不方便食用，便只將香蕉葉鋪在底層。「打那雞」，是用特殊的、只有在山上才有的調味料——刺蔥，做成調味料，刺蔥學名「食茱萸」，但刺蔥背面有刺，所以被稱為「鳥不踏」（出自農業知識入口網）。刺蔥與薑片調和，作為調味料淋上雞肉。

餐廳創立時就以泰雅風味餐為主軸，在田媽媽品牌經營團隊的輔導之下，陳吳美玉經過審核，於民國 92 年加入行政院農業委員會輔導的田媽媽品牌經營團隊，陳吳美玉與田媽媽班員們，將泰雅風味館作為「在地美食，泰雅風味料理」為推動，在農會家政班的烹飪研習中，創造出更多的泰雅風味料理。在 109 年行政院農業委員會「田媽媽場域改善及服務創新獎勵計畫」中，整體環境提升。經過輔導陪伴師的輔導及各項改善，泰雅風味館聲名遠播，遊客紛紛指名要到此用餐。

陳吳美玉已開始打算讓兒子接手泰雅風味館，她認為用年輕人的思維能夠創造新的做法，陳吳美玉放心的讓下一代接手，期望能透過傳承，讓後人永遠吃得到這一味原住民風味料理。

 特色餐點

刺蔥醉雞
馬告香腸

 特色食材

刺蔥

 聯繫資訊

宜蘭縣大同鄉松羅村玉蘭巷 2 號
03-9801903

 周邊景點

棲蘭森林遊樂區
玉蘭休閒農業區
松羅湖登山口

八五山泉養殖場

高山冷泉鱒龍魚
健康調味自然美味

新竹縣五峰鄉「清泉風景特定區」，有知名的「清泉溫泉」，因水質清澈且無色無臭，因此稱為「清泉」，泡完溫泉後也推薦漫步於步道，風景區內有清泉步道以及文學步道等等，沿途還可步行到張學良故居、三毛夢屋，追憶歷史人物，探訪歷史痕跡。距離清泉風景特定區約一個小時二十分鐘車程，被群山環繞的八五山泉養殖場，有清新的空氣、優質的水質，頗受遊客喜愛。主要以紅檜木打造，外頭興建觀景台，可以飽覽山嵐雲霧變化，以及一望無際的綠色山林。

從民國 97 年開始營業的八五山泉養殖場，其實剛開始知名度尚未廣泛，當時新竹縣尖石鄉很多魚料理的餐廳，王玉香不斷思考如何脫穎而出，發現現代人對於飲食健康、天然愈發愈講究，想在這方面更加進取，於是在民國 102 年申請加入田媽媽品牌經營團隊，有輔導陪伴師指導廣告行銷、餐廳品質提升、指導如何運用在地食材創作料理。從產品到現場擺飾，從廚房到菜單菜色，都會有相關學者專家提供建議。而且外來的觀光客也越來越多，王玉香必須提升自己的觀念，培養國際觀，讓自己成長。

營運卓越賞

真香天菜賞

最優好物賞

養眼美照賞

創意料理賞

獨一無二賞

負責養魚的張萬糖—王玉香的丈夫，在八五山泉養殖場以極佳的高山泉水養殖鱘龍魚，因此魚肉鮮甜，水池裡打進空氣，也讓鱘龍魚保持良好的活動力，張萬糖說：「看著魚一天天長大我就開心了。」他的用心養殖，讓鱘龍魚肉質緊實，口感飽滿。但是也因為使用高山泉水養殖，所以在颱風天會有源頭被塞住或是水濁的問題，更有可能因為降雨量過大，而水量太多的問題。

現撈現煮新鮮鱘龍魚是八五山泉養殖場的特色，招牌菜，「清蒸鱘龍魚」調味清淡，卻可以帶出魚自然的鮮美。「龍鮮粥」使用鱘龍魚燉煮粥，王玉香說每個客人來都說要吃這道。

「龍烤焗香」是將小米麴發酵一個禮拜，再與鱘龍魚一同烤製。

加入田媽媽品牌經營團隊之後經過輔導，在料理方式更加注重健康的觀念、三低一高的健康烹飪法，食材新鮮，料理才會特別鮮甜。有了專業的輔導與指導，讓八五山泉養殖場在民國 103 年以「清蒸鱘龍魚」入選田媽媽十大招牌菜；民國 104 年獲得田媽媽執行績效評鑑特優；以及民國 106 年獲得田媽媽績效評鑑卓越獎。王玉香表示只要顧客喜歡八五山泉養殖場的菜，吃的時候充滿笑容，就覺得一切值得。

特色餐點
清蒸鱘龍魚

特色食材
鱘龍魚

聯繫資訊
新竹縣尖石鄉新樂村 8 鄰 36-2 號
03-5842560

周邊景點
那羅灣休閒農業區
內灣老街
青蛙石天空步道
凌空廊道

營運卓越賞

真香天菜賞

最優好物賞

養眼美照賞

創意料理賞

獨一無二賞

貝岩居農場

熱愛大自然 返鄉建築農場夢

邱鉦斌是一位返鄉青年,因為喜愛大自然,喜愛這片土地,決定回家鄉創業,與父親一起創造了「貝岩居農場」。民國 105 年開始營業的貝岩居農場,當初會取這個名字是因為在農場建地時,挖出了許多貝殼,所以取名為貝岩居。

距離貝岩居農場車程約十分鐘的苗栗勝興車站,一直是熱門的知名景點,百年來的歷史,更多了懷舊的氣氛。附近的龍騰斷橋也是歷史產物,在 1935 年 4 月 21 日被大地震震毀,遺留下斷橋在此,車程距離貝岩居農場約

15 分鐘。遊玩知名景點,也不訪到貝岩居農場走走體驗大自然生態風情。

貝岩居農場是一個結合自然生態農場與 DIY 麵包製作的休閒農業,當初邱鉦斌與父親討論後決定以麵包為貝岩居農場的特色,烤麵包的磚窯是由邱鉦斌一手打造,原本是做工業設計的他運用自己的概念,打造出磚窯,而且開發園區時以自然生態為主要考量,也為了保留老房子原有的土角厝建築設計,大部分修建時的一磚一瓦也都靠自己搬運。

在經過苗栗縣三義鄉農會的推廣人員的說明之下，民國 107 年加入田媽媽品牌經營團隊，邱鉦斌堅持使用在地、天然、健康的食材的精神，與田媽媽使用在地新鮮食材、三低一高的烹飪概念、具地方特色的風味料理的精神相符合。

邱鉦斌追求的健康養生、在地食材，「顧客買到麵包時的幸福感、愉悅感讓我很有成就，」他希望顧客可以感受的到貝岩居農場的麵包與外面的麵包的差異，不加油、不加糖、少鹽的健康概念是外面少有的。貝岩居農場強調在地食材，食材出自於自己的農場，或是附近小農的農產，例如：「鮮採金瓜」麵包，餡料南瓜出自附近小農、柚子是園區栽種；「洛神花蜜餞」，洛神花也是園區栽種，經過川燙、用糖醃漬，存放三天後就可入罐。

主打窯烤麵包的貝岩居農場，事前準備繁瑣、複雜且費時，老麵採自然發酵需要12小時，甚至寒流來時 20 小時都無法發酵好。在加熱柴燒窯的時候，小窯大約需要 4 個小時，大窯大約需要 7 個小時，堅持如此繁瑣的製程，只為了讓客人品嘗到最純粹的天然麵包。

在今年新型冠狀病毒肺炎的影響，經營較困難的情況下，邱鉦斌很感謝行政院農業委員會輔導，讓他們在這段期間做好準備，將園區的硬體、軟體、建設等等，準備完善等待顧客光臨。

「我真的很熱愛這塊土地！」邱鉦斌開始接手貝岩居農場後，依舊是以大自然為中心理念，開辦食農教育活動後，他看到很多都市小孩不懂生態，比較沒有接觸過自然環境，也因此他保持維護貝岩居農場的自然環境生態，希望能用這塊土地，提供遊客一起學習、體驗大自然的生活的機會，繼續保留這塊淨土，也用最天然的食材親手做出健康好吃的麵包，給遊客自然、健康的體驗。

 特色餐點

窯烤麵包

 特色食材

南瓜

 聯繫資訊

苗栗縣三義鄉龍騰村 13 鄰 3 號
037-873792

 周邊景點

苗栗勝興車站
龍騰斷橋
舊山線休閒農業區
雙潭休閒農業區

古早雞傳統米食

荔枝與土雞共生 獨創荔枝料理

位於彰化芬園的古早雞傳統米食，周邊不乏有旅遊景點，例如芬園寶藏寺，感受文化宗教涵養，鄰近寶藏寺的「黃金風鈴木大道」位於彰南路，在每年三月初，風鈴木花瓣勝放，有如「黃金大道」，距離臺中高鐵站僅需要 30 分鐘車程，是不容錯過的私房景點。

古早雞傳統米食，有荔枝園與土雞園區，邀請遊客參觀以及宣導自然農法的理念。還有舉行食農教育活動，提供採荔枝體驗，更有舉辦親子創意米食活動，讓家長與小朋友親手製作荔枝芋頭粿。

在開餐廳之前，養雞養了四十年的楊黃美春，她覺得雞是每天都可以吃到的東西，而且給雞吃最天然的稻穀及玉米粒，並且放養在荔枝樹下，土雞會吃蟲、草，可以減少荔枝樹的病蟲害，省下除草人力，遵循自然農法，形成共生概念。現在大約有八千隻雞，餐廳以自己飼養雞與荔枝來當作為主軸食材。

在還沒加入田媽媽品牌經營團隊之前，因為沒有人輔導只能自己摸索，民國 93 年在臺中區農業改良場人員的推薦之下加入田媽媽品牌經營團隊。「自從加入田媽媽有人輔導，是很好的事，」因此在行政院農業委員會輔導的研習課程中，學習到製作產品的方式，例如「荔枝醋」，是有一次在研習中，楊鵬華教授在講解荔枝的相關知識，於是她就發問該怎麼做，講解後，楊黃美春照著方式回去試做，結果成功做出荔枝醋。

營運卓越賞

真香天菜賞

最優好物賞

養眼美照賞

創意料理賞

獨一無二賞

古早雞傳統米食的招牌料理「荔枝雞湯」，以農場養殖的土雞與荔枝為主要材料，選用小土雞與荔枝乾、荔枝酒、破布子與薑母一起熬煮，經過燉煮後荔枝退去熱性，轉為涼補，這道料理是結合農場兩大特產最具代表性的風味餐。

天然放養的土雞肉，不需要太多調味，切成白斬雞，最吃得到鮮美的雞肉滋味。荔枝香腸，選用園區荔枝做出創意口味香腸，也是餐廳特色之一。

回憶早年的困境，古早雞傳統米食在彰南路上，早期來往、停留的人很多，國道三號開通後彰南路來往人數銳減，「那個時候好像做不下去了，」但是想著收支能打平，才繼續堅持下去。而現在田媽媽品牌經營團隊的輔導下，研發荔枝蜜、荔枝乾等等，善用在地食材研發美味且具地方特色的風味料理與辦手禮，創造許多佳績，民國 102 以古早味雞精入選彰化縣十大伴手禮。

因為有田媽媽的招牌，顧客會依循著「田媽媽」來古早雞傳統米食用餐，因此客源也增加不少，楊黃美春很感謝行政院農業委員會與田媽媽品牌經營團隊的輔導，從原本的餐廳到現在開發出多樣產品，沒有田媽媽品牌經營團隊是很難做到。而現在楊黃美春漸漸讓第二代兒子楊漢文開始接手，楊漢文表示將承襲第一代的努力，希望可以在我們手裡將古早雞傳統米食發揚光大。

特色餐點
古早風味雞
荔枝雞湯

特色食材
荔枝
土雞

聯繫資訊
彰化縣芬園鄉彰南路 5 段 451 巷 36 號
049-2524362

周邊景點
黃金風鈴木大道
入口廣場瞭望台夜景 (139 縣道)

米國學校餐廳

關山米碗公飯 吃出古早媽媽味

臺東關山以出產米為名，四季景觀大有不同，夏天有綠油油的草原，秋天稻米結穗時金黃累累的遼闊景觀。騎行自行車在田野小路漫遊，全長 12 公里的「關山環鎮自行車道」，在開始騎乘前還可以到米國學校餐廳飽餐一頓之後出發，沿途廣闊的田園景觀，也是不能錯過的旅程。

隸屬臺東縣關山鎮農會的「米國學校餐廳」，主打「媽媽的味道」，以「碗公飯」呈現在地佳餚。米飯使用在地優良關山米，食材以在地生產為主，豬肉使用關山在地豬，蔬菜也以在地農民或媽媽們栽種為主，標榜食物里程歸零，不僅幫助在地農民銷售農產品，也落實在地生產、在地消費的田媽媽精神。

「有什麼煮什麼」是米國學校餐廳的理念，所以沒有特定的菜色，就如同在家裡吃飯，媽媽煮什麼就吃什麼。田媽媽每天準備約七到八樣菜，配上關山優質米，一同盛在碗公裡，讓遊客體驗早期農夫飲食的方式，享受純樸滋味。

田媽媽品牌經營團隊輔導田媽媽精進手藝、食安問題知識、待客禮儀課程，教導使用在地食材以及研發不同類型的糕點，時時刻刻求進步，所以田媽媽非常感謝在每一次的課程都讓她們獲益良多，學習到不同的新知識。

在田媽媽品牌經營團隊的輔導下，米國學校餐廳研發出許多伴手禮，例如：與臺灣在地知名品牌合作創造「關山米乖乖」，將製作原料從進口的玉米粉改為國產的關山米。「巧膳135」，以一包米加上三杯水，煮出五碗飯，主打「煮飯其實很簡單」，不需要五星級設備及廚藝，有好的食材就可以煮出好吃的料理。

「看米、玩米、吃米、帶著米回家」，是米國學校餐廳舉辦的食農教育製米活動，讓民眾了解如何從稻穀變成白米，再變成桌上享用的一碗飯，以及如何製作艾草糕等等米食類產品，以米為主題讓民眾更了解「米」。

在民國 109 年「田媽媽場域改善及服務創新獎勵計畫」，將原本傳統燈管，改用 LED 燈，不僅節能環保更提供顧客明亮舒適的空

營運卓越賞

真香天菜賞

最優好物賞

養眼美照賞

創意料理賞

獨一無二賞

間。邀請在地名畫家以在地生態環境為發想，彩繪、美化牆面。在「關山環鎮自行車道」的入口處設置米國學校餐廳的指示牌，讓民眾有更明確的方向找到田媽媽餐廳，不論是在環境上、交通上，都致力帶給民眾最友善最方便最美好的旅程。

　　米國學校餐廳田媽媽品牌經營團隊的輔導，每一年輔導陪伴師的輔導下，在環境、料理、製作伴手禮、動線規劃等等方面，一路走來更加進步、更加友善、更加多元化，也因為有各單位的協助，米國學校餐廳漸漸提升知名度，讓更多民眾光臨，才使米國學校餐廳有更美好的現在。歡迎遊客造訪臺東關山，徜徉在大自然景觀，也可以順遊到米國學校餐廳品嘗碗公飯，還有精美的伴手禮等著您帶回家。

 特色餐點

碗公飯

 特色食材

米食

 聯繫資訊

臺東縣關山鎮豐泉里昌林 24-1 號
089-814903

 周邊景點

關山環鎮自行車道
關山鎮農會休閒旅遊中心

集錦美食菜單

精選 100 家田媽媽餐廳的美食料理錦集，

例如：靈芝鮮味蝦、哈密瓜雞湯、紅糟龍眼米糕、冬筍捲、

金沙南瓜以及啤酒烤雞等等，

每一道都色香味俱全，令人食指大動。

手撕杏鮑菇
梅居休閒農場

靈芝鮮味蝦
三才.心靈芝旅養森食堂

麻油香鱘龍魚
千戶傳奇

石農肉粽
北海驛站石農肉粽

烤鹹豬肉
璽緣餐館

哈密瓜雞湯
官夫人田園料理

石花凍

海景咖啡簡餐

茶油櫻花蝦蛋炒飯

田媽媽快樂農家米食餐飲坊

西魯肉

噶瑪蘭美食

五行生菜

一佳村養生餐廳

野薑花煎蛋

花泉田園美食坊

香蕉糕

泰雅風味館

烏龍燻茶鴨

玉露茶園

稻荷越光米壽司

夢田食堂

古早味烏魚米粉鍋

福樂休閒漁村

客家小炒

新埔鎮農會特有餐飲美食坊

低溫發酵手工吐司

巧婦米食烘焙點心坊

鮮奶手工饅頭

耀輝牧場點心坊

鼠麴草粿粽
玉荷圓米食坊

紅燒黃魚
海岸風情

米香
飛鳳傳情米點坊

椒香鱘龍魚
八五山泉養殖場

米戚風蛋糕
新屋庄米點烘焙坊

蘿蔔糕
桃仔園烘焙坊

金佶葉燉粉腸
龍門口餐廳

南瓜米吐司
烘焙西點米食坊

四季肥腸
石門客棧

香薑雞
雲也居一

香茅東坡肉
秘密花園

南瓜盅
金葉山莊餐飲部

純鮮奶火鍋
牛奶故鄉餐坊

香煎芋糕
巧軒餐館

梅干扣肉
神雕邨複合式茶棧

鮮採金瓜
貝岩居農場

麻芛戚風蛋糕
田媽媽麻芛糕餅工作坊

清酒洋菇麻油雞
議蘆餐廳

阿嬤炒粄條
石圍牆田媽媽食堂

獵人爐烤香料半雞
森林咖啡屋

酵素泡菜
蓉貽健康工作坊

國宴珍珠包
欣燦客家小館

荔枝雞湯
古早雞傳統米食

艾草蝦
艾馨園

翠玉什錦
品佳客家田園料理

杏鮑菇泡菜
新農食品加工坊

草仔粿
劉員外餐點米食

安農拼盤
臺中市大安區農會飛天豬主題餐館

爌肉粽
福農食坊

黑米糕
台梗 9 號體驗館

鮮蚵披薩
陽光水棧

橄欖豬腳
仁上風味坊

番薯包
圓夢工坊

醬筍拌腐竹
耄饕客棧

紅茶豬腳
生力農場

柿菓子
柿菓子手作烘焙坊

橄欖

桑園工坊

刺蔥豬肉握壽司

原夢觀光農園

水果冰棒

田媽媽幸福田心

茶葉燻雞

小半天風味餐坊

冬筍捲

古道廚娘

茶葉天婦羅

林園茶香

菜脯蚵湯
東石采風味

肉粽
田媽媽 QQ 米香屋

烏魚子炒飯
臺江美食棧

古法燻羊肉
王家燻羊肉食坊

酸菜、韓國泡菜
任記東北酸菜坊

鴨肉
臺南鴨莊

祥龍獻瑞

墘窯休閒陶坊

金黃烤火雞

火雞森林

櫻花蝦焗烤地瓜、過貓、迷迭香香腸

大坑休閒農場

三絲虱目魚肚湯

采竹香食堂

菱角粽

菱成粽藝坊

清炒菱角食蔬

官豐美食餐廳

三杯虱目魚香腸

長盈海味屋

無刺虱目魚小湯鍋

北門嶼輕食風味餐廳

蜜汁燻茶鵝

下營田媽媽鵝鄉園餐廳

鮮乳肉包

臺南市柳營區農會田媽媽

鳳梨酥

農特產水果酥烘焙坊

鮮羊乳冰淇淋

羊咩咩的家

啤酒烤雞

仙湖休閒農場

咖啡過貓手卷

村長庭園咖啡

鹽水日曬意麵

鹽水意麵工坊

牧草排骨麵

走馬瀨田媽媽草香餐坊

金沙軟絲條

戀戀蚵仔寮

仙龍糕

星月灣田媽媽海田料理餐廳

炒三鮮
鮮豐食堂

神農小鮮肉戰斧豬
天使花園休閒農場

碗公飯
米國學校餐廳

池上放山雞
池農養生美食餐坊

轎篙筍佐扣肉
青山農場

鹽烤豬肉
達基力部落屋

洛神排骨

東遊季養生美食餐館

金沙南瓜

傅姐風味餐

炸鬼頭刀魚柳

佳濱成功旗魚

木虌果海鮮鍋

成農花田餐坊

苦瓜封

富麗禾風

荷葉飯

養生餐坊

紅糟龍眼米糕
石岡傳統美食小舖

生魚片
元貝田媽媽海上料理舫

醬筍魚
一晴食坊

黃金薯
寶聰牧場點心坊

田媽媽精心製作的美味在地料理，以田園料理、地方特色農產品的加工以及米麵食餐點為主軸，是別處吃不到好滋味，每一道都是不可錯過的必點招牌。

國家圖書館出版品預行編目 (CIP) 資料

田在你心饗食之旅 : 田媽媽 20 周年特刊 /
財團法人農業科技研究院作 . -- 初版 . --
新竹市 : 財團法人農業科技研究院 , 寧斐
御業有限公司 , 民 109.12

　　　　　　　　面 ;　　公分

ISBN 978-986-98281-9-2(平裝)

　　　　　　1. 餐飲業 2. 臺灣遊記

483.8　　　　　　　　　109021034

田在你心饗食之旅
田媽媽 20 周年特刊

書名 : 田在你心饗食之旅　田媽媽 20 周年特刊

作者 : 財團法人農業科技研究院
總策劃 : 黃文意
責任編輯 : 羅國良、徐銘謙、鍾艾玲、莊佳茹

總編輯 : 韓珞茜
美術設計 : 吳宜臻、Muhammad Izzad Fikri Bin Mohd Razuan
排版 : 吳宜臻
繪圖 : Muhammad Izzad Fikri Bin Mohd Razuan

攝影 : 陳聖翰、吳宜臻、陳品希、謝宜儒、劉百倫、洪佩祺
顧問 : 廖清池、楊鵾華
企劃 : 柯宣竹、韓珞茜、郭懿萱

出版 :
財團法人農業科技研究院
寧斐御業有限公司

出版地址 : 新竹市香山區大湖路 51 巷 1 號
出版電話 : 03-518-5000

印製 : 厽藝印刷藝術國際股份有限公司
初版 : 109 年 12 月
裝訂方式 : 平裝

定價 : 480 元
ISBN : 978-986-98281-9-2

玉露茶園

海岸風情

官夫人田園料理

赤雅風味館

田在你心・饗食之旅
田媽媽20周年

八五山泉養殖場

財團法人農業科技研究院
AGRICULTURAL TECHNOLOGY RESEARCH INSTITUTE

田在你心・饗食之旅
田媽媽20周年

田在你心・饗食之旅
田媽媽20周年

雲也居一

財團法人農業科技研究院
AGRICULTURAL TECHNOLOGY RESEARCH INSTITUTE

田在你心・饗食之旅
田媽媽20周年

玉荷圓米食坊

財團法人農業科技研究院
AGRICULTURAL TECHNOLOGY RESEARCH INSTITUTE

田在你心・饗食之旅
田媽媽20周年

牛奶故鄉餐坊

財團法人農業科技研究院
AGRICULTURAL TECHNOLOGY RESEARCH INSTITUTE

田在你心・饗食之旅
田媽媽20周年

神雕邨複合式茶樓

田在你心・饗食之旅
田媽媽20周年

秘密花園

財團法人農業科技研究院
AGRICULTURAL TECHNOLOGY RESEARCH INSTITUTE

田在你心・饗食之旅
田媽媽20周年

石門客棧

田在你心・饗食之旅
田媽媽20周年

貝岩居農場

財團法人農業科技研究院
AGRICULTURAL TECHNOLOGY RESEARCH INSTITUTE

財團法人農業科技研究院
AGRICULTURAL TECHNOLOGY RESEARCH INSTITUTE

田在你心・饗食之旅
田媽媽20周年

巧軒餐館

森林咖啡屋

龍門口餐廳

石岡傳統美食小舖

財團法人農業科技研究院
AGRICULTURAL TECHNOLOGY RESEARCH INSTITUTE

田在你心・饗食之旅
田媽媽20周年

東石采風味

田在你心・饗食之旅
田媽媽20周年

田媽媽QQ米香屋

財團法人農業科技研究院
AGRICULTURAL TECHNOLOGY RESEARCH INSTITUTE

財團法人農業科技研究院
AGRICULTURAL TECHNOLOGY RESEARCH INSTITUTE

田在你心・饗食之旅
田媽媽20周年

臺南市柳營區農會田媽媽

田在你心・饗食之旅
田媽媽20周年

鹽水意麵工坊

財團法人農業科技研究院
AGRICULTURAL TECHNOLOGY RESEARCH INSTITUTE

財團法人農業科技研究院
AGRICULTURAL TECHNOLOGY RESEARCH INSTITUTE

田媽媽20周年
田在你心‧饗食之旅

田媽媽20周年
田在你心‧饗食之旅

美成粿藝坊

采竹香食堂

田媽媽20周年
田在你心‧饗食之旅

田媽媽20周年
田在你心‧饗食之旅

官豐美食養聽

田媽媽20周年
田在你心‧饗食之旅

農特產水果酥烘焙坊

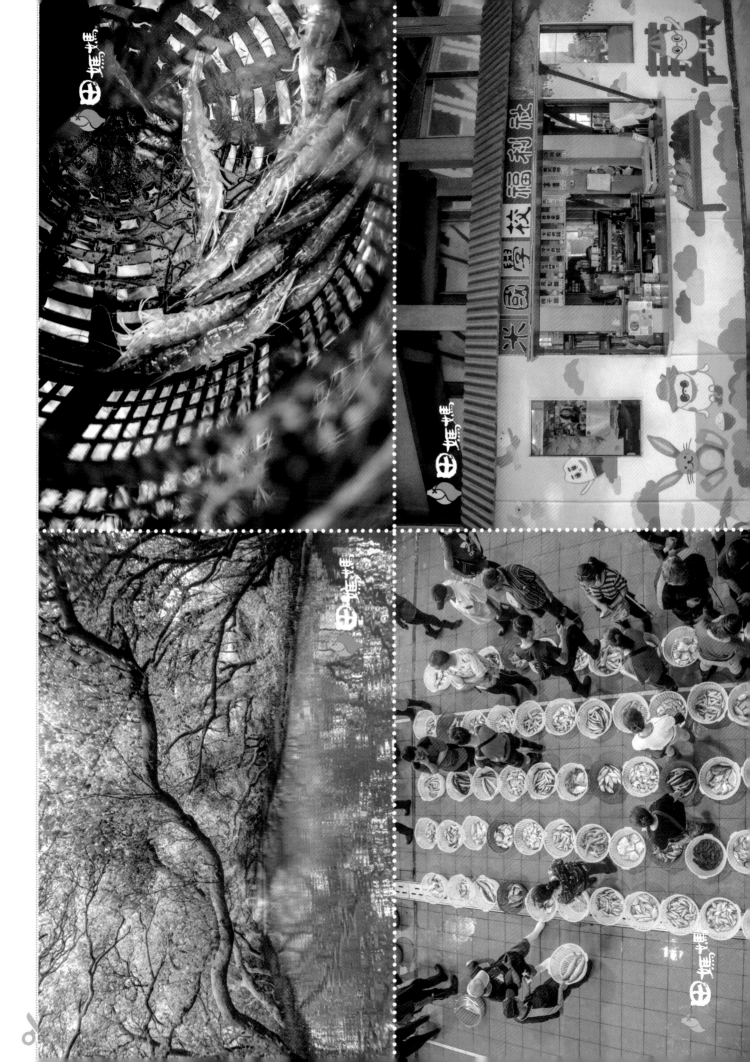

田在你心・饗食之旅
田媽媽20周年

長盈海味屋

田在你心・饗食之旅
田媽媽20周年

米國學校餐廳

財團法人農業科技研究院
AGRICULTURAL TECHNOLOGY RESEARCH INSTITUTE

田在你心・饗食之旅
田媽媽20周年

臺江美食棧

財團法人農業科技研究院
AGRICULTURAL TECHNOLOGY RESEARCH INSTITUTE

田在你心・饗食之旅
田媽媽20周年

戀戀蚵仔寮

田在你心・饗食之旅
田媽媽20周年

財團法人農業科技研究院
AGRICULTURAL TECHNOLOGY RESEARCH INSTITUTE

財團法人農業科技研究院
AGRICULTURAL TECHNOLOGY RESEARCH INSTITUTE

田在你心·饗食之旅
田媽媽20周年

青山農場

田在你心·饗食之旅
田媽媽20周年

田在你心·饗食之旅
田媽媽20周年

成農花田餐坊

田在你心·饗食之旅
田媽媽20周年

元貝田媽媽海上料理坊